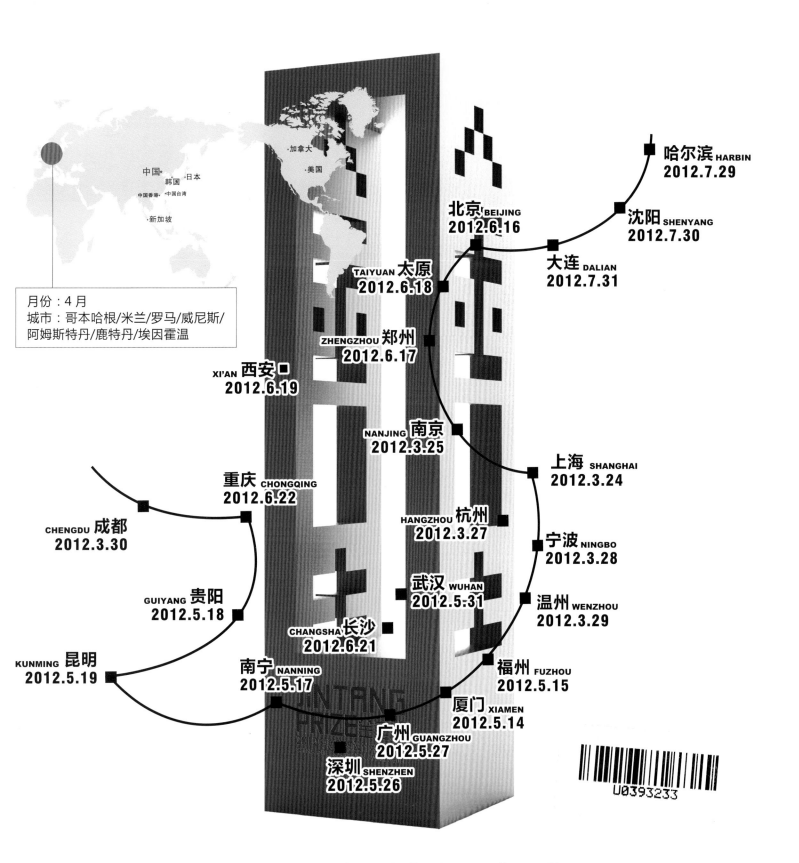

月份：4月
城市：哥本哈根/米兰/罗马/威尼斯/
阿姆斯特丹/鹿特丹/埃因霍温

哈尔滨 HARBIN
2012.7.29

沈阳 SHENYANG
2012.7.30

大连 DALIAN
2012.7.31

北京 BEIJING
2012.6.16

TAIYUAN 太原
2012.6.18

ZHENGZHOU 郑州
2012.6.17

XI'AN 西安
2012.6.19

NANJING 南京
2012.3.25

上海 SHANGHAI
2012.3.24

重庆 CHONGQING
2012.6.22

HANGZHOU 杭州
2012.3.27

宁波 NINGBO
2012.3.28

CHENGDU 成都
2012.3.30

武汉 WUHAN
2012.5.31

温州 WENZHOU
2012.3.29

GUIYANG 贵阳
2012.5.18

CHANGSHA 长沙
2012.6.21

福州 FUZHOU
2012.5.15

KUNMING 昆明
2012.5.19

南宁 NANNING
2012.5.17

厦门 XIAMEN
2012.5.14

广州 GUANGZHOU
2012.5.27

深圳 SHENZHEN
2012.5.26

U0393233

为百万设计师呐喊
向千万业主传播
FOR PUBLIC AWARENESS OF DESIGN

从设计创造价值到空间眷恋指数

——2010-2012 "金堂奖"三年发展历程综述

2012年是"金堂奖·中国室内设计年度评选"的第三个年头,27个大陆省市和港台以及国外的2512件参评作品中,有387件分别获得十个空间分类的"年度优秀作品奖",12个年度人物机构的奖项各有归属。对比前两年,作品质量与数量大幅提升。纵观"金堂奖"三年发展历程,呈现出以下特点:

一、首次提出"空间眷恋指数"的作品评价标准,与"设计创造价值"的设计观形成了完整的理念体系。

设计创造价值是"金堂奖"的评选主题,而"空间眷恋指数"则提出了以用户体验为尺度的作品评价标准。眷恋指内心的愉悦,指数是驻留在空间的时间长度,以此刻画用户愉悦的程度。

比如早餐空间,通过在环境氛围上刺激家庭成员交流、引入阳光绿植和音乐视频、增加早餐茶……会显著提升用户对这个空间的喜爱,延长驻留时间,让一天从快乐出发——即提高"空间眷恋指数"。如果设计师能够认真研究各种空间类型的用户体验,从内心喜爱与驻留时间两个内外关联的角度总结分析,不断改进,"设计创造价值"便会从设计观的提出,逐步转换为可操作的实施系统。

互联网高速发展的核心动力在于对用户体验的争夺,提升"用户粘性"成为指挥全行业人才、技术、资金的魔棒,于是iphone出来了,宽带升级了,云计算降临了……就室内设计而言,完成作品后对用户体验的调研分析基本处于空白状态,对作品的评价标准以业界自说自话居多。一个没有作品客观评价标准、不能从用户体验角度总结提高的行业很难快速发展。

举办"金堂奖"、倡导"设计创造价值"、提出"空间眷恋指数",就是希望设计师从对竣工作品的拍摄存档、总结分析入手,逐步建立对各个空间门类作品"眷恋指数"的客观评价标准,分析不同空间"眷恋指数"的变化成因、辩证关系与设计规律,从而创建对实践有切实指导意义的室内设计理论体系,把"设计创造价值"转换为可操作的实施系统,把设计产业的发展与用户体验的提升紧密关联起来。

二、作品风貌发生了崭新变化,中国室内设计已经开始建构形成自己的设计语言。

本年度387件获奖作品亮点颇多:居住类空间作品出现了回迁房、乡村民居改造等民生项目,样板间和售楼处的设计风格更为丰富多样;公共空间涌现出物联网研发中心、教堂、高铁车厢内饰等门类的作品;餐饮、办公和酒店类空间作品竞争异常激烈;购物、休闲和娱乐空间类作品展现出多姿多彩的生活方式;低碳自然的设计选材渐成风尚;参数化等国际前沿空间设计理念在作品中有精彩呈现;川渝设计板块迅猛崛起,港台和国外设计师参评踊跃,一批受过良好国内外设计教育的八零后设计师闪亮登场……

作品展露出设计师用国际化的设计语言书写中国情境的自信,透视出对本土材料和人居生活的潜心研究,折射出对中国历史与文化的当代解读……从模仿抄袭到回归本土,再到用世界语表述中国情,"金堂奖"三年来推动并见证着中国室内设计的成长历程。

三、形成了覆盖全国主要省市的战略合作伙伴,推动各地设计师的组织与交流方式发生巨变。

27个大陆省市及港台海外的2512件作品参评;

40多个城市代表团欢聚"金堂奖"盛典举办设计师春晚大联欢;

多个城市联手举办"城市面孔——2012中国城市概念空间展"

……

从东北到西南,从西北到东南……伴随三年来遍及50多个城市的巡回推广,中国建筑与室内设计师网近30个地方网站的落地开通,"金堂奖"与各城市的设计师服务机构形成了紧密的战略伙伴关系,在行业发展的30年历程中首次形成覆盖全国的设计师服务网络,令各地设计师的组织与交流方式发生了巨变,推动设计产业形成以各城市为核心单元、全国一盘棋联动发展的新格局。

四、"金堂奖"已经成为国际室内设计业界备受瞩目的事件。

三年来,"金堂奖"国际巡演的足迹遍及7个国家的十多个城市;

2012初,因执行推广"金堂奖"的卓越贡献,广州国际设计周执行总监张宏毅先生被有着"室内设计联合国"之称的"国际室内建筑师/设计师团体联盟"(IFI)任命为国际战略咨询委员会(International Strategic Advisory Council, ISAC)委员;

2012年"金堂奖"首次设立10位国际评委,包含了IFI所有现任董事会成员,分别是来自美国、加拿大、墨西哥、韩国、土耳其、英国、澳大利亚、意大利等国家室内设计行业的领袖级人物;

2012年387件获奖作品中,港台及日本、意大利、法国等多个国家设计师的参评作品占比超过10%;

2012年12月"金堂奖"盛典中,40多位国际嘉宾齐聚广州国际设计周,举办IFI50周年庆

典启动大会,发布IFI《室内设计宣言》,开设IFI"文化·创新·设计"国际论坛;

2012年12月7日-9日,世界语·中国情"金堂奖"获奖作品国际研讨在广州国际设计周举办;

2013年9月,"金堂奖"将组织中国设计师代表团赴荷兰参加inamsterdam世界室内设计大会……

"金堂奖"无疑已经成为国际室内设计业界备受瞩目的事件。

五、"金堂奖"开创了全新的运营模式,三年来的快速发展得益于互联网时代传播方式与服务理念的革新,是全国设计师广泛支持参与以及业界服务机构合力推动的结果。

约123,000条"金堂奖"百度搜索结果中,以"设计创造价值"的主题、"为百万设计师呐喊、向千万业主传播"的使命最为人所知。价值观和使命感引领着"金堂奖"的全新服务理念——打造提升设计师市场话语权、社会影响力的公器,塑造业主搜索年度优秀设计作品的快捷引擎。

"金堂奖"年度公益评选与广州国际设计周"设计+选材博览会"的结合,使得不向设计师收取一分钱的"金堂奖"有了坚实的经济基础,在自身迅猛发展的同时,带动展会效益连年翻番,开创出公益评选与商业展览互相促进的可持续运营模式。

以中国建筑与室内设计师网为核心网络平台,在展会、杂志、培训机构、各城市媒体、学术团体等业界众多机构的合力推动下,"金堂奖"三年来赢得了全国设计师的广泛支持和参与、已经成为最具影响力、公信力、公益性和国际化程度最高的中国室内设计年度评选。

结语

中华文化的魅力在于令人生愉悦不再是对来世彼岸的空想,也不止步于对感官的简单刺激,而是营造出源自五感、达于心意、天人合一的当下感受。萌发于商周、成熟于唐宋、发达于明清的园林是经典代表,堪称是迄今为止"眷恋指数"最高的居住空间。空间、材料、光影,在园林中演绎出视觉之美、听觉之韵、嗅觉之雅、触觉之润、味觉之妙,咫尺之间塑造出关照人性、容含乾坤、通达四海的美妙意境,令居者的愉悦流淌自五感、滋润于心灵……

"设计创造价值"设计观与"空间眷恋指数"评价标准的提出,必将推动设计师从用户体验的角度不断推出好作品,揭示作品背后的设计规律和文化成因,促进形成室内设计理论体系,把文化魅力与产业资源转换为中国设计在国际上独有的话语权和竞争力。

三年对于一个奖项来说仅仅是个开端,"金堂奖"还存在太多的缺陷与不足,这也正说明她有着极大的发展空间。只要遍布全国的"金堂奖"服务团队紧密依靠百万设计师、始终践行所提出的使命与服务理念,就能够不断发掘更具"空间眷恋指数"的作品,向世界传播、与各国分享东方智慧所营造出的美妙人居意境。

谢海涛

"金堂奖"发起人
设计+选材(D+B)博览会策展人
中国建筑与室内设计师网董事长
2012年11月28日

附1 2012年"年度优秀作品"地域分布图
GEOGRAPHICAL DISTRIBUTION OF GOOD DESIGN 2012

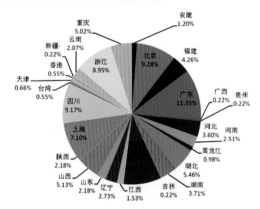

重庆 5.02%
安徽 1.20%
云南 2.07%
新疆 0.22%
香港 0.55%
浙江 8.95%
北京 9.28%
福建 4.26%
天津 0.66%
台湾 0.55%
广东 11.35%
广西 0.22%
贵州 0.22%
四川 9.17%
河北 3.60%
河南 2.51%
黑龙江 0.98%
上海 7.10%
湖北 5.46%
陕西 2.18%
山西 5.13%
山东 2.18%
辽宁 2.73%
江西 1.53%
吉林 0.22%
湖南 3.71%

From Design is Value to Space Attachment Index

——Review on Three-Year Development of Jintang Prize from 2010 to 2012

Year 2012 is the third year for China Interior Design Awards (Jintang Prize) when among 2512 entries from 27 provinces and cities of mainland China, Hong Kong, and foreign countries, 387 pieces of works are awarded "The Good Design of the Year" in ten categories of spaces, and 12 Best People & Agency Award of the Year. Compared with last two years, the quality and the quantity of the works are all improved marvelously. Given the three-year development, characteristics of Jintang Prize are as follows:

I. Putting forward the work evaluation standard of "Space Attachment Index" for the first time, which form a complete concept system together with design concept of "Design is Value"

Design is Value is the theme for selection of Jintang Prize, while "Space Attachment Index" puts forward the work evaluation standard based on users' experience. Attachment hereof refers to pleasure felt and the index is an amount of time when people stay in a space, which reveals the degree of pleasure users felt.

Take the space where people have breakfast for example. The atmosphere it creates that stimulates family members to communicate, and brings in the sunshine and plants, the music and videos, the breakfast tea added, etc. will all help to upgrade the attachment of users to the space hence stay longer and make us start a day with happiness. This is what "Space Attachment Index" means. If designers can study users' experience upon various spaces, summarize and analyze from the aspects of the connection between pleasures felt and the time for staying, and make improvement gradually, "Design is Value" would be more than a good wish, but a workable system.

The core engine for the rapid development of internet lies in the capture of users' experience, so that increasing "viscosity of users" becomes a wand directing talents, technology, and funds in the industry. Therefore, iphone launched, broadband upgraded, cloud computing came out... For interior design, people rarely study and analyze users' experience after finishing a piece of works, instead, they evaluate works on their personal preference. An industry without an objective works evaluation standard, and without summary and improvement from the aspect users' experience is hard to develop at a fast speed.

The purpose of setting Jintang Prize and proposing "Design is Value", and putting forward "Space Attachment Index" is to help designers realize the importance of filing the finished works in photos for summary and analysis, and then form an objective evaluation standard for works of various types of space in respect of "Space Attachment Index". In this way, there will be a practical theoretical system for interior design, which may make "Design is Value" an operational system, hence to promote a new development for design industry together with upgrading the quality of users' experience.

II. Having brand new changes in the type of works, which indicates that Chinese interior design has stated to form its own design language

Among the 387 pieces of awarded works, there are many highlights: livelihood projects such as move-back property, renovation of village houses start in the field of living space works; works such as more different styles for show flats & housing sales center, or Internet of Things R&D center, churches, interior decoration of carriages in high-speed rail appears in the field of public space works; the competition of the works in the field of catering, office, and hotel works is extremely fierce; low-carbon and natural materials are trendy for design; internationally cutting-edge space design concepts, parametrization for example, are revealed in some works; the works from Sichuan Province and Chongqing City starts to play an important role; designers from Hong Kong and foreign countries take part in the selection actively; and designers born in the 1980s with good education in China and abroad come into our view.

The works presents the confidence of the designers in using international design language to show Chinese context, which reflects their considerate study in local materials and people's livelihood, and their contemporary understanding on Chinese history and culture. In its three-year development, Jintang Prize has gone through imitation to local design, and through local design to showing Chinese context in international design language.

III. Establishing strategic partnership covering major provinces and cities throughout China to promote a big change in designer organizations of various spaces as well as the way of communication

2512 pieces of works from 27 provinces and cities in mainland China, Hong Kong, Taiwan and abroad attend the evaluation;

China-Designer Gala 2012 is held with the participation of delegations from more than 40 cities for the celebration of Jintang Prize;

Many cities jointly hold Face to Face - Intercity China 2012 and other events;

......

With the publicizing throughout over 50 cities from northeast to southwest, and from northwest to southeast in three years, Chinese Construction & Interior Designers Website has now been set up in nearly 30 local websites. It means Jintang Prize has formed a close strategic partnership with designer service organizations of various cities, setting a designer service network covering the whole country for the first time in 30-year development of this industry. Therefore a huge change in the way of organization and communication among designers of various spaces takes space, upgrading design industry to a new pattern that setting each city as the core unit and connecting them as a whole for development.

IV. Jintang Prize has become a highlight in international interior design industry.

During the past three years, the international tour of Jintang Prize has covered over ten cities in seven countries. At the beginning of 2012, due to his contribution on publicizing Jintang Prize, Zhang Hongyi, event director of Guangzhou Design Week, was appointed as a member of International Strategic Advisory Council (ISAC) by International Federation of Interior Designers/Architects (IFI) which is known as "The United Nations for Interior Design".

In 2012, Jintang Prize for the first time set an international evaluation committee of ten judges, including all current members of the board of directors, who are leading roles in the industry of interior design in America, Canada, Mexico, South Korea, Turkey, Britain, Australia, Italy, etc.

Among the 387 pieces of awarded works in 2012, more than 10% are works of designers from Hong Kong, Taiwan, Japan, Italy, and France, etc.

In the celebration of Jintang Prize in December, 2012, over 40 distinguished guests from abroad gather in Guangzhou Design Week, participating series of IFI events such as the Global celebration kick-off of the IFI 50th anniversary, IFI Interiors Declaration & IFI Culture, Innovation ,Design (CID) Dialogue.

Winners' presentation, Jintang Prize 2012 is held in Guangzhou Design Week from Dec. 7th to Dec. 9th, 2012.

In September 2013, Jintang Prize will organize Chinese designer delegation to participate World Interiors Event 2013 in Amsterdam.

There is no doubt that Jintang Prize has become a highlight in international interior design industry.

V. Jintang Prize started a brand new service and commercial mode, the three-year development is driven by the revolution of communication ways and concepts in the internet age, as well as the support of nationwide designers and service organizations in the industry.

Among 123,000 times of search results for Jintang Prize in Baidu, the most popular themes are Design is Value and For Public Awareness of Design. The attitude on value and the sense of mission pave the way for the brand new service idea of Jintang Prize, namely, to establish a public instrument for increasing designers' discourse power in the market and social influence, and create a rapid and convenient searching engine for owners to search for annual excellent completed design works.

The combination of annual evaluation of Jintang Prize for public benefits with Design + Brands Fair in Guangzhou Design Week laid a solid foundation for Jintang Prize that charges designers for totally free. Its rapid development also drives the profit of the fair doubling every year, and helps create a new development mode of mutual promotion between public-benefit evaluation and commercial fairs.

Setting www.china-designer.com as the core network platform, and driven by service organizations of fairs, magazine publishers, and training agencies, Jintang Prize has won supports and their participation of designer nationwide during the three years, becoming a most influential and most internationalized annual interior design evaluation in China with credibility for the benefit of public.

Summary

The attractiveness of Chinese culture is no longer the fantasy toward afterlife, and it is more than simple stimulation on sense of organ, but the feelings come from five senses, heart, and the integration with nature. Chinese garden, which appeared in Shang and Zhou Dynasties, became mature in Tang and Song Dynasty and developed in Ming and Qing Dynasties is a typical example of the attractiveness of Chinese culture. It is also a living space with the highest "Space Attachment Index" till now. The space, materials, light and shadow, and culture all together present a wonderful atmosphere for the unforgettable experience for visual and audio senses, smelling, feeling, and tasting, making the people living there feel pleasure from five senses and the heart.

From "Design is Value" and "Space Attachment Index", the design concept and the evaluation standard will enlighten designers, hence make more excellent works from the aspect of users' experience. Meanwhile, the concept and standard will reveal the design rule and culture basis behind the works, promote the establishment of theoretical system for interior design, and transform cultural attractiveness and resources in the industry to discourse power and competitiveness of Chinese design on the international stage.

The three-year development is only the beginning. Jintang Prize still has a long way to go. But it also shows that she has extremely large room for further development, only if the service system of Jintang Prize throughout China fulfills her mission and carries out the service concept together with designers. Then works with more "Space Attachment Index" will come out and be spread globally with people in the whole world sharing the wonderful artistic living conception created by eastern wisdom.

附2 2012年 "年度优秀作品" 门类对比图
CATEGORY COMPARISON OF GOOD DESIGN 2012

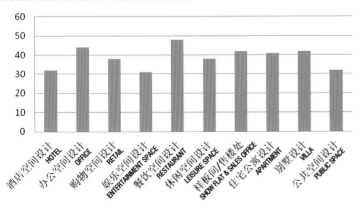

Xie Haitao

Founder, Jintang Prize
Curator, Design+Brands Fair
President, China-Designer.Com
November 28TH, 2012

国际评委
JURY OF INTERMATIONAL

沙仕·卡安（美国）Shashi Caan U.S.A
国际室内建筑师与设计师团体联盟（IFI）主席 (2009-2011，2011-2013)
President(2009-2011,2011-2013), International Federation of Interior
Architects/Designers (IFI)

马克·克尔罗（墨西哥）Marco Coello Mexico
国际室内建筑师与设计师团体联盟（IFI）当选主席 (2011-2013)
墨西哥室内设计师协会、墨西哥设计周创始人
President Elect (2011-2013), International Federation of Interior
Architects/Designers(IFI)
Founder, Mexico Association of Interior Designers, & Mexico Design Week

爱丽丝·邓巴（英国）Iris Dunbar United Kingdom
国际室内建筑师与设计师团体联盟（IFI）董事会成员 (2011-2013)
英国室内设计协会主席（2008-2010）
Board Member (2011-2013), International Federation of Interior
Architects/Designers(IFI)
President (2008-2010), British Association of Interior Design

大卫·汉森（加拿大）David Hanson Canada
国际室内建筑师与设计师团体联盟（IFI）董事会成员 (2011-2013)
加拿大室内设计师协会（IDC）主席 (2011-2012)
Board Member (2011-2013), International Federation of Interior
Architects/Designers(IFI)
President (2011-2012), Association of Interior Designers in Canada(IDC)

专家评委
JURY OF INDUSTRIAL LEADERS

庄惟敏 Zhuang Weimin
国际建协职业实践委员会联席主席
清华大学建筑设计研究院院长、总建筑师
Co-Director, UIA Professional Practice Commission (UIA-PPC)
Chief Architect, Architecture Design and Research Institute of Tsinghua
University

张世礼 Zhang Shili
中国建筑学会室内设计分会名誉会长
Honorary President, The China Institute of Interior Design

王中 Wang Zhong
中央美术学院教授；城市设计学院副院长
Vice President, China Central Academy of Fine Arts

孟建国 Meng Jianguo
中国建筑设计研究院总监
Director, China Architecture Design & Research Group

业主评委
JURY OF CLENTS

朱中一 Zhu Zhongyi
中国房地产业协会副会长
Vice President, China Real Estate Association

蔡云 Cai Yun
中国房地产业协会商业和旅游地产专业委员会秘书长
Secretary-General, China Commercial & Tourism Real Estate Association

曲德君 Qu Dejun
万达商业管理公司总经理
General Manager, Wanda Commercial Management Co., Ltd.

边华才 Bian Huacai
上海中凯集团董事长；嘉凯城集团股份有限公司副董事长、总裁
President, Caixon Zhongkai Co.,Ltd.

赵惠妮（韩国）Hyunie Cho　Korea
国际室内建筑师与设计师团体联盟（IFI）董事会成员 (2011-2013)
韩国室内设计协会常务理事
Board Member (2011-2013), International Federation of Interior
Architects/Designers(IFI)
Director, Korea Association of Interior Designers

乔安妮·西斯（澳大利亚）Joanne Cys　Australia
国际室内建筑师与设计师团体联盟（IFI）董事会成员 (2011-2013)
澳大利亚设计学会主席 (2008-2010)
Board Member (2011-2013), International Federation of Interior
Architects/Designers(IFI)
President(2008-2010), Australia Association of Designers

奥斯曼·德米尼巴斯（土耳其）Osman Demirbas　Turkey
国际室内建筑师与设计师团体联盟（IFI）董事会成员 (2011-2013)
土耳其室内建筑师商会常务理事
Board Member (2011-2013), International Federation of Interior
Architects/Designers(IFI)
Director, Turkey Association of Interior Architects

加里·谢尔德（荷兰）Gerrit Schilder　Netherlands
2013 世界室内设计大会 秘书长
荷兰室内建筑师与设计师协会（BNI）前主席 (2003-2009)
Secretary General, inamsterdam World Interiors Event 2013
President (2003-2009), BNI

卡罗·贝利（意大利）Carlo Beltramelli　Italy
欧洲室内建筑师与设计师协会联盟（ECIA）董事会成员
意大利室内设计师向中国 主席
Board Member, European Council of Interior Architects (ECIA)
President, Italian Interior Designers for China (IIDForChina)

拜拉维提斯（意大利）Arturo Dell'Acqua Bellavitis　Italy
兰理工大学时尚与艺术设计学院（INDACO）院长
米兰三年展（Triennale）基金会副主席
Chairman, INDACO Department, Politecnico di Milano
Director, Milan Triennale Foundation and Exposition

来增祥　Lai Zengxiang
同济大学建筑系 教授、博士生导师
上海市人民政府建设中心专家组组长
Professor, Architecture Department, Tong Ji University

郑曙旸　Zheng Chuyang
清华大学美术学院教授
Subdecanal, Arts College, Qing Hua University

赵健　Zhao Jian
广州美术学院副院长
Deputy Dean, Guangzhou Academy of Fine Arts

朱时均　Zhu Shijun
《中华建筑报》副总编辑；中装新网总编辑
Deputy Editor, China Construction News

黄小石　Huang Xiaoshi
《当代设计》杂志社社长
Proprieter, Contemporary Design

赵毓玲　Zhao Yuling
副教授；中国建筑学会室内设计分会理事
江苏省室内设计学会副秘书长
Planner, China Interior Design Annual

邢和平　Xing Heping
中国商业联合会购物中心专业委员会副主任
Deputy Director, China Business Coalition Shopping Center Professional
Committee

李明　Li Ming
远洋地产有限公司总裁
CEO, Sino-Ocean Land holdings Ltd.

周政　Zhou Zheng
中粮地产（集团）股份有限公司总经理
General Manager, COFCO Property(Group) Co., Ltd.

王伍仁　Wang Wuren
中信房地产股份有限公司总工程师
General Engineer, CITIC REAL ESTATE

葛清　Ge Qing
上海中心大厦建设发展有限公司设计总监
Design Director, Shanghai Tower Construction and Development Co., Ltd.

汤家骥　Tang Jiaji
ACCOR 大中华区业务发展副总裁
Vice President, AACOR Greater China Department

年度人物｜机构奖项
PEOPLE & AGENCY OF THE YEAR

**年度
设计人物
PEOPLE OF
THE YEAR**

年度设计人物
王开方工作室
创始人 王开方

年度设计人物
西安电子科技大学
副教授 余平

年度设计人物提名奖
北京仲松建筑景观设计顾问有限公司
创始人 仲松

**年度
新锐设计师
NEW STAR OF
THE YEAR**

年度新锐设计师
dEEP 建筑设计事务所
创始人 李道德

年度新锐设计师提名奖
十分之一设计事业有限公司
设计总监 任萃

年度新锐设计师提名奖
CAA 希岸联合建筑事务所
创始人 刘昊威

**年度
媒体关注奖
MEDIA'S FOCUS
AWARD**

年度媒体关注奖
世尊设计集团
创始人 吴滨

年度媒体关注提名奖
洪约瑟设计事务所
创始人 洪约瑟

年度媒体关注提名奖
四川创视达建筑装饰设计有限公司
创作总监 张灿

**年度
设计选材推动奖
MATERIAL
APPLICATION
AWARD**

年度设计选材推动奖
上海埃绮凯祺建筑设计咨询有限公司
合伙人及中方设计总监 陆嵘

年度设计选材推动提名奖
中国建筑设计集团·筑邦环境艺术设计院
设计总监 高志强

年度设计选材推动提名奖
华人照明设计师联合会
会长 谢茂堂

**年度
最佳业主
BEST DESIGN CLIENT
OF THE YEAR**

年度最佳业主奖
远洋地产

年度最佳业主提名奖
江苏九鼎餐饮娱乐管理有限公司

年度最佳业主提名奖
金融街控股

**年度
设计行业推动奖
DESIGN
PROMOTION
AWARD**

年度设计行业推动奖
中央美术学院

年度设计行业推动提名奖
《AXD 空间艺术》|《WATCH 旁观者》

年度设计行业推动提名奖
《当代设计》

年度 品牌设计机构
AGENCY OF THE YEAR

年度品牌设计机构
集美组

年度品牌设计机构提名奖
毕路德

年度品牌设计机构提名奖
东易日盛家居装饰集团股份有限公司

年度 设计管理奖
DESIGN MANAGEMENT AWARD

年度设计管理奖
深圳市姜峰室内设计有限公司

年度设计管理提名奖
陈立坚建筑装饰设计有限公司

年度设计管理提名奖
哈尔滨唯美源装饰设计有限公司

年度 中国设计市场拓展奖
DOMESTIC MARKETING AWARD

年度中国设计市场拓展奖
浙江亚厦装饰股份有限公司

年度中国设计市场拓展提名奖
Dariel Studio

年度中国设计市场拓展提名奖
睿智汇设计公司

年度 海外设计市场拓展奖
OVERSEAS MARKETING AWARD

年度海外设计市场拓展奖
如恩设计研究室

年度海外设计市场拓展提名奖
萧氏设计

空缺

年度 最佳出版物
BEST PUBLICATION OF THE YEAR

年度最佳出版物
《域——中国室内设计年鉴》

年度最佳出版物提名奖
《The Atlas of Living Décor 家居软装图集》

年度最佳出版物提名奖
《旅》

年度 设计公益奖
PUBLIC WELFARE DESIGN OF THE YEAR

年度设计公益奖
易和设计

年度设计公益奖
盒子汇

年度设计公益奖
汤物臣·肯文创意集团

JINTANG PRIZE 金堂奖

2012 中国室内设计年度评选
CHINA INTERIOR DESIGN AWARDS 2012

执行推广机构	参评组织机构	战略推广媒体	国际学术机构
Operated & Promoted By	Entries Organized By	Strategic Media Partner	Academic Supported By

GUANGZHOU DESIGN WEEK
广州国际设计周

China-Designer.com
中国建筑与室内设计师网

缤纷 space
杂志 Magazine

朗道文化 Lan Tao Culture POLI.DESIGN Consorzio del Politecnico di Milano

公众推广门户	家居业主推介	业主机构推介
Public Promotion	Recommended to Apartment Owners By	Recommended to Real Estate Developers By

sina 新浪家居
jiaju.sina.com.cn

搜房 SouFun 家天下 jia.com

楼市传媒
REAL ESTATE MEDIA GROUP

金堂奖网址
www.jtprize.com

金堂奖官方网站
中国建筑与室内设计师网 www.china-designer.com

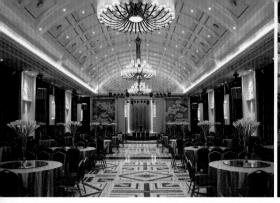

目录
CONTENTS

主案设计：
王峰 Wang Feng
博客：
http:// 1015796.china-designer.com
公司：
成都风上空间营造设计顾问有限公司
职位：
总经理、设计总监

奖项：
2011年，荣获第二届"博德杯"地域文化室内设计大赛餐饮娱乐空间方案类金奖
2010年，作品"成都易园"获评2010成都市第十一届装饰设计作品大赛公装方案类高端组金奖
2010年，作品"红馆典藏"获评2010成都市第十一届装饰设计作品大赛公装方案类高端

组银奖
2010年，作品"惠芳雅苑"获评2010成都市第十届装饰设计作品大赛公装方案类高端组佳作奖
项目：
老房子武汉青花元年会所   楠泰商务酒店（大邑店）
水调锅头火锅   田鸭肠火锅（彭州总店）
麒麟锦庭火锅   谭鱼头合肥濉溪路店   谭鱼头琴台路

云南丽江束河元年度假别院
The Old House Vacation Inn

A 项目定位 Design Proposition
束河元年座落于丽江束河。本案设计理念来源于古镇古朴的原风貌。

B 环境风格 Creativity & Aesthetics
束河元年以"院落生活"为理想蓝本，搭配着富有民俗韵味、古意盎然的家具饰品，许多纳西古民生活与劳作的物件也重新萌生创美力，瓶、箱、笼、凳、椅以各自独有的造型、色彩盛放，呈现出不同的视觉美感。

C 空间布局 Space Planning
接待大厅中央纳西风格的立雕顶梁柱体现着古朴的纳西文化以及透露着自然对这片土地上人们的眷顾。纳西木雕作为本案整个室内设计的灵魂线索，从餐饮区室外的连环木雕到接待大堂顶梁柱，从走廊的立柱到客房的横梁。再到房门、号牌等都能看到纳西木雕。

D 设计选材 Materials & Cost Effectiveness
为了搭配这一传统精华，所有的装修材料，配饰都以传统经典材质为主。特殊烧制的青条砖、实木、硅藻泥、稻草板、铜艺灯等，特别是当地的各种自然荒石和老木头更是院子里独一无二的风景。

E 使用效果 Fidelity to Client
处处流露着古镇古朴的文化气息。

Project Name_
The Old House Vacation Inn
Chief Designer_
Wang Feng
Participate Designer_
Yang Qiao
Location_
Lijiang Yunnan
Project Area_
3,000sqm
Cost_
10,000,000RMB

项目名称_
云南丽江束河元年度假别院
主案设计_
王峰
参与设计师_
杨樵
项目地点_
云南 丽江
项目面积_
3000平方米
投资金额_
1000万元

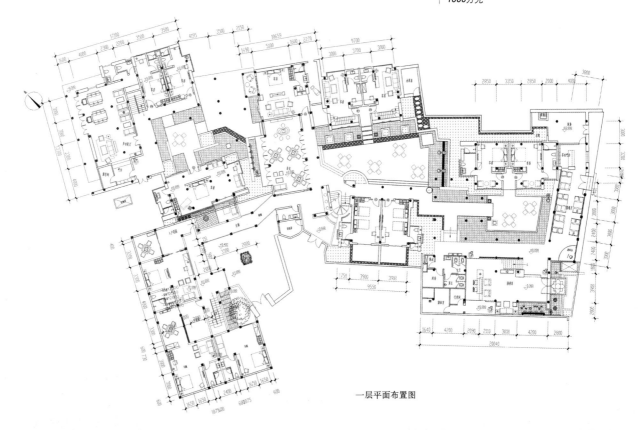

一层平面布置图

主案设计：
洪忠轩 Hong Zhongxuan
博客：
http:// 199163.china-designer.com
公司：
HHD假日东方国际设计机构
职位：
首席创意总监、董事长

奖项：
世界酒店领袖中国会评为"世界酒店•2008
中国杰出酒店设计师"
获 "IC@ward金指环全球室内设计大奖赛-
酒店类金奖"
在香港获"第16届APIDA亚太区室内设计大
奖"金奖；获"亚太区杰出设计奖"
获酒店空间设计亚太金奖（冠军）

项目：
2008北京奥运会展示形象系统
武汉珞珈山国际酒店
张家界阳光酒店
万达襄樊皇冠假日酒店
万达常州喜来登酒店
贝迪颐园温泉度假酒店
日照君豪帆船国际酒店

深圳摩登克斯精品酒店
Modern Classic Hotel Shenzhen

A 项目定位 Design Proposition
本案是围绕"电影片段"为主题如"创战纪""盗梦空间"等片段，将生活与梦想相结合。

B 环境风格 Creativity & Aesthetics
以明快的设计风格为主调设计的一个超现代的精品酒店，充分利用电影元素贯穿整个酒店。

C 空间布局 Space Planning
在表达空间色彩时非常清楚空间的整体色彩是什么样的，主色和次色在空间的比重关系有多少，进行全方
位、多层次的构思设计。

D 设计选材 Materials & Cost Effectiveness
家具的摆设、灯光的点缀、空间的布局、色调的搭配，节能灯光技术的创新导入，使酒店整体风格呈现出
典雅融合现代时尚于一体。

E 使用效果 Fidelity to Client
业主十分满意。

Project Name_
Modern Classic Hotel Shenzhen
Chief Designer_
Hong Zhongxuan
Participate Designer_
Huang Tianlin
Location_
Shenzheng Guangdong
Project Area_
13,000sqm
Cost_
50,000,000RMB

项目名称_
深圳摩登克斯精品酒店
主案设计_
洪忠轩
参与设计师_
黄添林
项目地点_
广东 深圳
项目面积_
13000平方米
投资金额_
5000万元

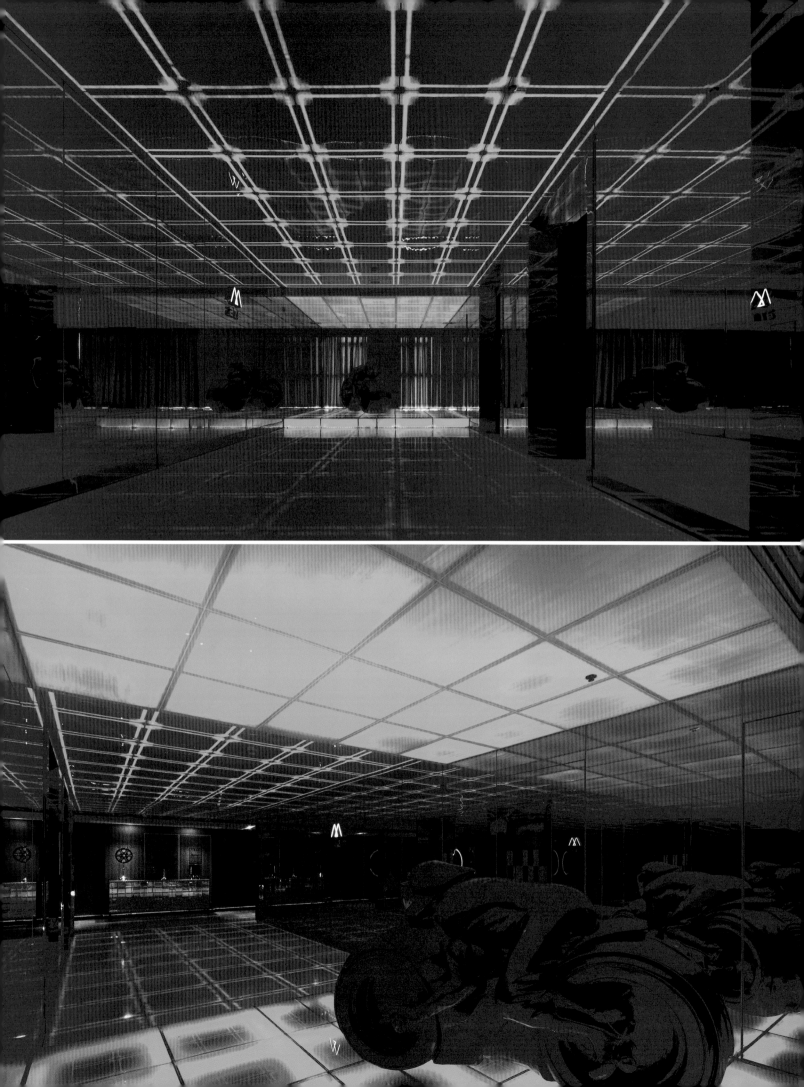

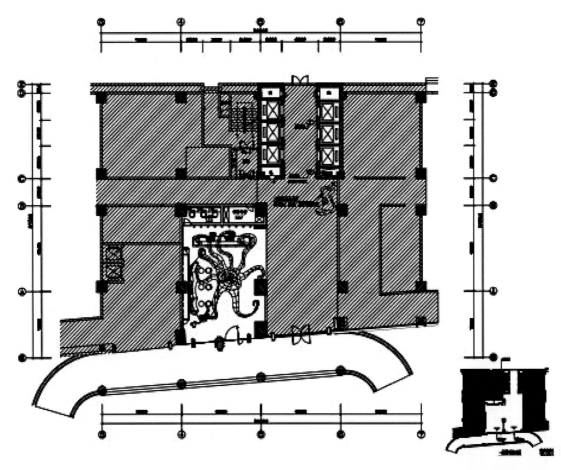

一层平面图

主案设计：
姜湘岳 Jiang Xiangyue
博客：
http:// 483719.china-designer.com
奖项：
"2010 INTERIOR DESIGN CHINA酒店设计奖"优秀奖
"2010金外滩奖"最佳酒店设计奖（优秀）

中国建筑装饰协会"全国有成就的资深室内建筑师"称号
"2010中国国际空间环境艺术设计大赛"酒店空间工程类"筑巢奖"银奖
"2010亚太室内设计双年大奖赛"酒店空间设计优秀奖
"2010亚太室内设计双年大奖赛"最佳餐馆空间设计大奖提名

"2011金堂奖"年度十佳酒店空间设计作品
项目：
宁波泛太平洋大酒店   杭州开元名都大酒店
宜兴铂尔曼酒店   浙江大酒店
福建铂尔曼酒店   威海金陵饭店
日照岚山豪生酒店   雅戈尔达蓬山大酒店
常州美高梅酒店
苏州华美达广场酒店

宁波市泛太平洋大酒店
Pan Pacific Hotel Ningbo

A 项目定位 Design Proposition
该项目由宁波市政府出资、新加坡泛太平洋管理集团管理，属于典型的城市商务酒店，面积较大，功能较全。

B 环境风格 Creativity & Aesthetics
设计上除考虑中西文化的结合之外，还兼顾了泛太平洋酒店惯有的气质及宁波当地独特的文化底蕴等多种情感要素。

C 空间布局 Space Planning
每一个分部空间都因其特殊的性质被赋予了不同的文化精髓，如浪漫神秘的意大利餐厅、通透开敞的自助餐厅、文人山水的中式餐厅等。

D 设计选材 Materials & Cost Effectiveness
东西方文化及众多情感要素在空间中的融合均采用优雅主义的方式进行展现。

E 使用效果 Fidelity to Client
业主十分满意。

Project Name_
Pan Pacific Hotel Ningbo
Chief Designer_
Jiang Xiangyue
Participate Designer_
Xu Yunchun, Wang Peng, Zhao Xiangyi
Location_
Ningbo Zhejiang
Project Area_
85,000sqm
Cost_
20,000,000RMB

项目名称_
宁波市泛太平洋大酒店
主案设计_
姜湘岳
参与设计师_
徐云春、王鹏、赵相谊
项目地点_
浙江 宁波
项目面积_
85000平方米
投资金额_
2000万元

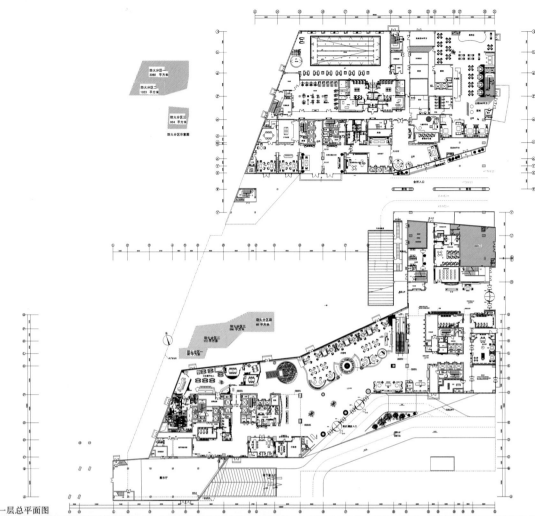

一层总平面图

主案设计：
洪忠轩 Hong Zhongxuan
博客：
http://199163.china-designer.com
公司：
HHD假日东方国际设计机构
职位：
首席创意总监、董事长

奖项：
世界酒店领袖中国会评为"世界酒店·2008
中国杰出酒店设计师"
获"IC@ward金指环全球室内设计大奖赛-
酒店类金奖"
在香港获"第16届APIDA亚太区室内设计大
奖"金奖；获"亚太区杰出设计奖"
获酒店空间设计亚太金奖（冠军）

项目：
2008北京奥运会展示形象系统
武汉珞珈山国际酒店
张家界阳光酒店
万达襄樊皇冠假日酒店
万达常州喜来登酒店
贝迪颐园温泉度假酒店
日照君豪帆船国际酒店

重庆云阳两江假日大酒店
Two River Holiday Hotel Yunyang Chongqing

A 项目定位 Design Proposition

"滚滚长江东逝水，浪花淘尽英雄，铜锣古渡蜀江东，多谢先生赐逆风，幸的云阳有驿站，下落几日游何妨，江上风清日烈，正气浩然，宇庙威名丈八矛，古人多少事，尽在意梦中"，这词给了酒店设计机构设计三峡重庆云阳酒店的第一意象。

B 环境风格 Creativity & Aesthetics

那里的民间艺术，上承巴蜀文化，下启荆棘文化，饱含着自身为文化思想基础、历史文化背景和文化根源。尤其以张飞庙的建筑艺术、建筑造型、张飞的传奇典故、三国演义故事，更是向人展示了三峡古老民间文化艺术的真谛。

C 空间布局 Space Planning

酒店空间设计上，以提取张飞庙的建筑色彩、形式感以及独特的建筑元素，来呈现度假休闲的空间感。

D 设计选材 Materials & Cost Effectiveness

借张飞的传奇典故来诉说酒店的文化；用木结构的形式，从中穿插云纹和水的元素；将三国演义故事、英雄人物贯串其中，用"饮马怀故人的艺术表现手法来表现主题和陈述故事"，给人一种浓厚的地域文化特色，这是一个有着深远故事及文化的主题酒店，又强调出酒店"驿站"的形象。

E 使用效果 Fidelity to Client

业主十分满意。

Project Name_
Two River Holiday Hotel Yunyang Chongqing
Chief Designer_
Hong Zhongxuan
Participate Designer_
Hang Tianlin
Location_
Yunyang Chongqing
Project Area_
25,000sqm
Cost_
200,000,000RMB

项目名称_
重庆云阳两江假日大酒店
主案设计_
洪忠轩
参与设计师_
黄添林
项目地点_
重庆 云阳
项目面积_
25000平方米
投资金额_
20000万元

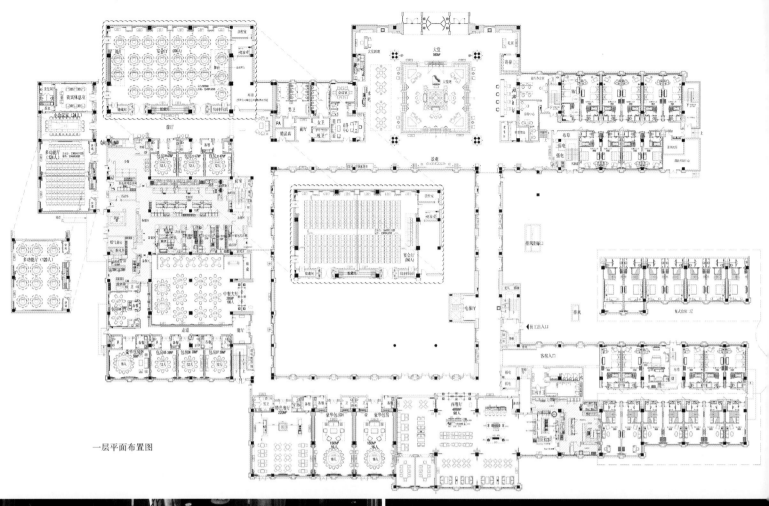

一层平面布置图

主案设计：
Thomas Dariel
博客：
http:// 817752.china-designer.com
公司：
Dariel Studio
职位：
CEO&设计总监

奖项：
2010年第八届现代装饰国际传媒奖：
2010年年度最具潜力设计师大奖
2010年年度办公空间大奖 (Imagine China 办公室项目)
2011年金堂奖 2011 China-Designer 中国室内设计年度评选：年度优秀餐饮空间设计作品（YUCCA酒吧项目）

2011年International Arch of Europe Award (IAE)金奖
2012年The Restaurant & Bar Design Award 的提名
2012年安德鲁马丁年度优秀设计师
项目：
YUCCA

周庄花间堂精品酒店
Zhouzhuang Blossom Hill Boutique Hotel

A 项目定位 Design Proposition
这个精品酒店项目是由三幢明清风格的老建筑改造而成。Dariel Studio非常小心地对这些优秀的古建筑进行修复并将其合并改建成拥有20套客房的精品酒店，同时希望可以保留建筑最原始的空间结构以及其历史传承。

B 环境风格 Creativity & Aesthetics
为了契合周庄这一古镇的历史感及中国文化元素，这个精品酒店的设计主题设定为"穿越季节的感官之旅"，其灵感来自于中国传统的二十四节气。

C 空间布局 Space Planning
昔日的戴宅被分为东、西、中三宅，三宅独立而建，却又紧贴相连，成为一个整体，格局迥异，各具特色。配有红酒吧、阅读室、影音观摩室、水吧、水疗、瑜伽室等活动中心满足休闲享受的需求。

D 设计选材 Materials & Cost Effectiveness
中西融合在这个室内设计中表现得淋漓尽致。代表惊蛰节气的阅读室里，配以一个西式壁炉和小型钢琴；中西餐厅的强烈色彩对比，巨大的悬式吊灯，以及引人注目的法式花饰瓷砖砌成的吧台；装点墙面的各种画像充分向中国丰富的手工艺品致敬；各种中式装饰以及西式装饰的互相混搭营造出现代与古典的别样完美的结合。

E 使用效果 Fidelity to Client
在开业之后，酒店获得很多好评，并且在微博和杂志等媒体竞相被报导，获得广泛支持。

Project Name_
Zhouzhuang Blossom Hill Boutique Hotel
Chief Designer_
Thomas Dariel
Participate Designer_
Chen Yifan
Location_
Hangzhou Zhejiang
Project Area_
2,500sqm
Cost_
10,000,000RMB

项目名称_
周庄花间堂精品酒店
主案设计_
Thomas Dariel
参与设计师_
陈一凡
项目地点_
浙江 杭州市
项目面积_
2500平方米
投资金额_
1000万元

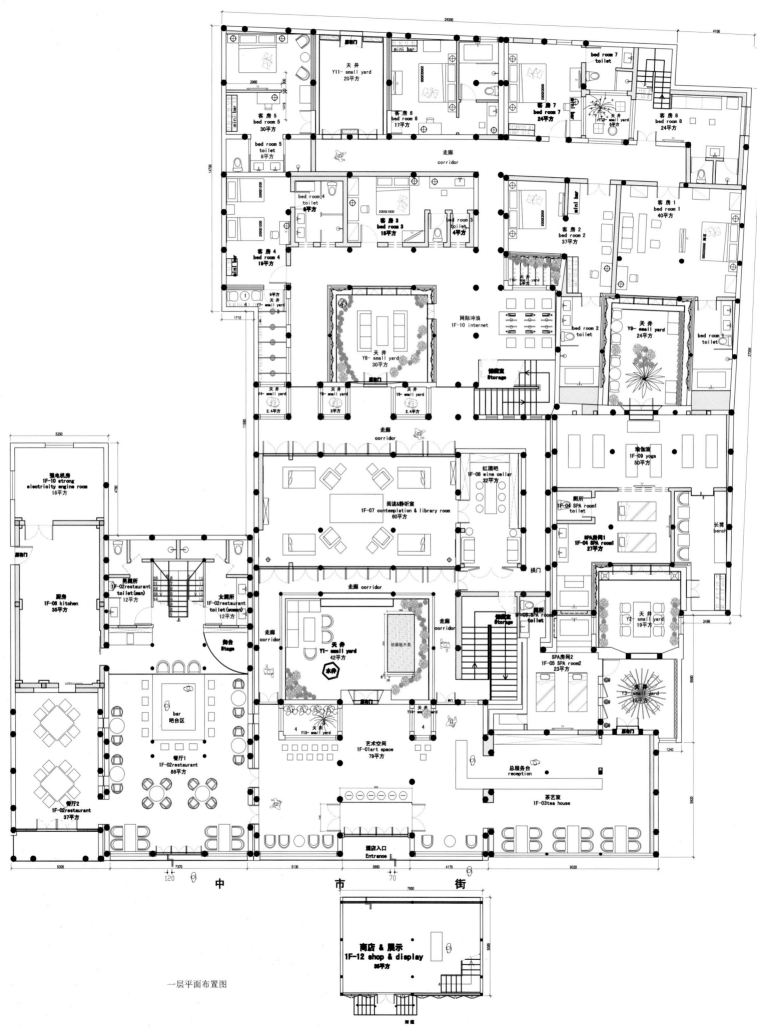

客房 5
bed room 5
30平方

bed room 5
toilet
8平方

bed room 4
8平方

客房 4
bed room 4
19平方

9平方
天井
Y7- small yard

天井
Y4- small yard
2.4平方

天井
Y5- small yard
2平方

天井
Y6- small yard
2.4平方

强电机房
1F-10 strong
electricity engine room
18平方

厨房
1F-08 kitchen
35平方

男厕所
1F-02restaurant
toilet(man)
12平方

女厕所
1F-02restaurant
toilet(woman)
12平方

舞台
Stage

走廊
corridor

bar
吧台区

餐厅1
1F-02restaurant
86平方

餐厅2
1F-02restaurant
37平方

天井
Y11- small yard
20平方

mini bar

客房 6
bed room 6
17平方

客房 3
bed room 3
18平方

bed room 3
toilet
4平方

走廊
corridor

天井
Y8- small yard
30平方

国际冲浪
1F-10 internet

阅读&静听室
1F-07 contemplation & library room
60平方

红酒吧
1F-08 wine cellar
32平方

走廊 corridor

走廊
corridor

天井
Y1- small yard
42平方

水井

储藏室
Storage

走廊
corridor

储藏室
Storage

天井
Y13- small yard

艺术空间
1F-01art space
79平方

酒店入口
Entrance

bed room 7
toilet

客房 7
bed room 7
24平方

天井
Y12- small yard
8平方

客房 8
bed room 8
24平方

mini bar

客房 2
bed room 2
37平方

天井
Y10- small yard

bed room 2
toilet

客房 1
bed room 1
40平方

天井
Y9- small yard
24平方

bed room 1
toilet

瑜伽房
1F-09 yoga
50平方

厕所
1F-04 SPA room1
toilet

SPA房间1
1F-04 SPA room1
27平方

长凳
bench

厕所
1F-05 SPA room
toilet

SPA房间2
1F-05 SPA room2
23平方

天井
Y2- small yard
19平方

天井
Y3- small yard
18平方

总服务台
reception

茶艺室
1F-03tea house

中 市 街

商店 & 展示
1F-12 shop & display
35平方

一层平面布置图

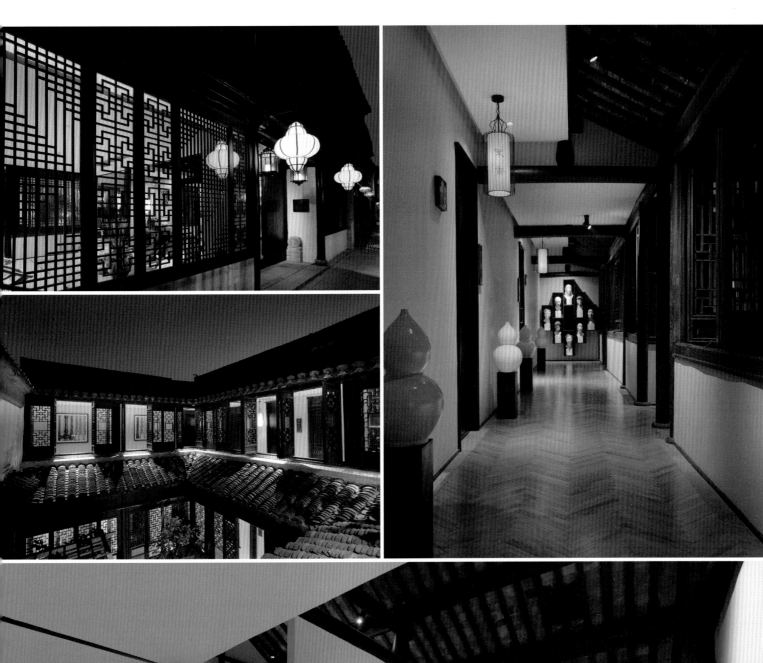

主案设计：
张震斌 Zhang Zhengbing
博客：
http:// 152429.china-designer.com
公司：
新加坡WHD酒店设计有限公司
职位：
设计总监

奖项：
2011年 "呼市昆仑饭店"获"金指环"全球室内设计大赛设计奖
2010年 "豪门吉品鲍鱼府"获"金外滩"中国室内设计大赛最佳照明设计奖
2009年 "朔州昆仑饭店"获"金指环"室内设计大赛酒店方案类设计金奖、"尚高杯"室内设计大赛酒店餐饮三等奖
2009年 "3号院"获 "尚高杯"室内设计大赛商业类优秀奖
项目：
北京京都盛唐
美轩养身火锅店
豪门极品鲍鱼府阳泉店、运城店
呼市昆仑饭店
大连辅君坊
皇城一号
榆次四海一家
朔州昆仑
太原四海一家
北京苗府

山西朔城宾馆
SHUOCHENG SHANXI HOTEL

A 项目定位 Design Proposition

朔城宾馆是一个集餐饮与住宿的五星酒店，地址位于朔州市区政府院内，为此酒店具有一定的行政意味，低调奢华的享受，轻松愉悦的就餐以及惬意舒服的住宿是本酒店的宗旨目标，也是设计师设计的最总目标。

B 环境风格 Creativity & Aesthetics

结合了当代星级酒店的标准，在功能空间与流线的划分上，注重了通、透、露、半隐藏的形式来烘托整个酒店的奢华感与私密感。

C 空间布局 Space Planning

空间的私密性与功能性更强，人性化的设计与服务，每个空间的活动范围充足但不单调，不管是就餐还是住宿，在空间的设计与布局上都给人一种温馨美好的家的感觉。主色调为暖棕香槟色，中国红的点缀以及纯净的白色空间，给宾客提供了舒适的就餐、入住环境。整体空间格调高雅，庄重，带有东方特有的低调奢华感。餐饮区大面积"白"的的运用，欲给人营造清新，宁静，放松的就餐环境。

D 设计选材 Materials & Cost Effectiveness

酒店的餐饮部分以白色为主基调，配合咖啡金色，视觉的冲击力更为明显，就餐氛围更加明快活泼；住宿以深色为主，配合暖色的太阳光色，整体处在一片祥和与宁静中。在陈设上也运用了东方韵味的铜雕、青铜器、木雕、玉环、藤艺、水墨画等点缀空间，提高了酒店本身的品质感。

E 使用效果 Fidelity to Client

此案让来这里的宾客感到尊贵与惬意。

Project Name_
SHUOCHENG SHANXI HOTEL
Chief Designer_
Zhang Zhengbing
Participate Designer_
Ji Bing, Wang Yan, Tian Jingjin, Zhao Ting
Location_
Suozhou Shanxi
Project Area_
8,900sqm
Cost_
32,000,000RMB

项目名称_
山西朔城宾馆
主案设计_
张震斌
参与设计师_
季斌、王彦、田静进、赵婷
项目地点_
山西省 朔州市
项目面积_
8900平方米
投资金额_
3200万元

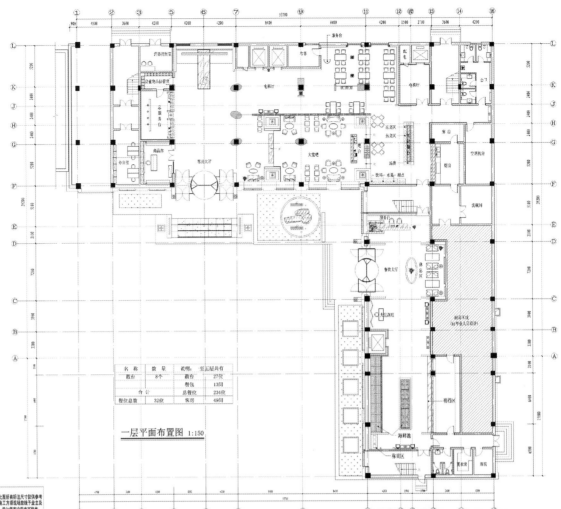

一层平面布置图 1:150

名 称	数 量	说 明：至五层共有	
散台	8个	散台	27位
		餐包	13间
合 计		总餐位	234位
餐位总数	32位	客房	49间

注：
1、此图所有标注尺寸仅供参考
2、施工方须现场放线予业主及
设计师审定后方可操作

主案设计：
梁小雄 Liang Xiaoxiong
博客：
http://814489.china-designer.com
公司：香港维捷室内设计有限公司（深圳市维捷装饰设计有限公司）
职位：
设计总监

项目：
上海中亚美爵酒店

济南阳光壹佰美爵酒店
Grand Mercure Jinan Hotel

A 项目定位 Design Proposition
济南美爵酒店位于济南西部商业圈。

B 环境风格 Creativity & Aesthetics
原建筑为办公楼设计，经过香港维捷针对济南当地的精英状况进行了整体规划设计，并于2011年9月正式开业。

C 空间布局 Space Planning
济南美爵酒店从酒店建筑点线面的设计手法延伸到酒店个个功能分区。

D 设计选材 Materials & Cost Effectiveness
风格现代时尚与法国浪漫情调结合一身。

E 使用效果 Fidelity to Client
充分展现了阳光壹佰集团"更简朴，更自由，更青春"的生活方式。

Project Name_
Grand Mercure Jinan Hotel
Chief Designer_
Liang Xiaoxiong
Participate Designer_
Liang Weicong, Tan Qingbo, Hong Jixian, Liang Weixing
Location_
Jinan Shandong
Project Area_
2,800sqm
Cost_
85,000,000RMB

项目名称_
济南阳光壹佰美爵酒店
主案设计_
梁小雄
参与设计师_
梁伟聪、谭清波、洪继先、梁伟兴
项目地点_
山东 济南
项目面积_
2800平方米
投资金额_
8500万元

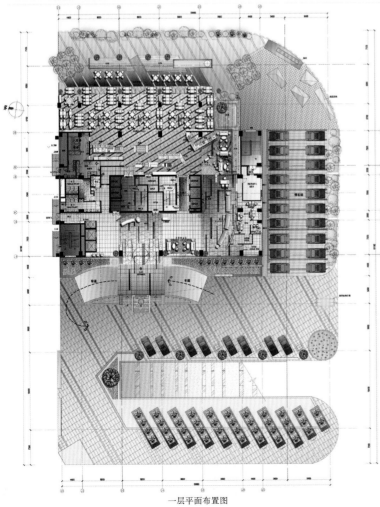

一层平面布置图

主案设计：
Thomas Dariel
博客：
http:// 817752.china-designer.com
公司：
Dariel Studio
职位：
CEO&设计总监

奖项：
2010年第八届现代装饰国际传媒奖：
2010年年度最具潜力设计师大奖
2010年年度办公空间大奖 (Imagine China
办公室项目)
2011年金堂奖 2011 China-Designer 中国
室内设计年度评选：年度优秀餐饮空间设计作
品（YUCCA酒吧项目）

2011年International Arch of
Europe Award (IAE)金奖
2012年The Restaurant & Bar
Design Award 的提名
2012年安德鲁马丁年度优秀设计师
项目：
YUCCA

上海爱莎金煦全套房酒店
Golden Tulip Ashar Suites ShanghaiCentral

A 项目定位 Design Proposition

上海爱莎金煦全套房酒店是一家充满时尚感的全套房豪华商务酒店，地处南京西路的顶级商务区域，周围众多顶级奢侈品牌汇集，甲级办公楼林立，是商务旅行常客以及休闲旅客及举家出行的绝佳选择。

B 环境风格 Creativity & Aesthetics

设计师在不同的客房里无规则的运用了6种不同的颜色主题，粉色，绿色，蓝色，紫色，灰色，黑色。他的设计初衷是希望带给商务客不同以往的感受，当客人到达时，酒店可以根据客人当时的心情来提供相应颜色的房间，也为客人的再次来访做出铺垫，直到他确定自己最喜欢的房间主题，也可谓带动酒店的再次消费。

C 空间布局 Space Planning

在接管项目之前，该大楼是一幢有许多不同住户的居民楼，为了使之成为一个符合国际化五星级标准的酒店，设计师将对其进行重新设计，将其改造为拥有466间套房的22层楼酒店。

D 设计选材 Materials & Cost Effectiveness

浴室的法国大理石；复古感觉的木地板； 开衣柜的皮质小拉手；衣柜门上的优雅的法式复古线型；放大空间感的镜子同时也是装饰品，让你感觉仍身处奢侈品店里购物试衣。

E 使用效果 Fidelity to Client

酒店不仅舒适优雅，设施齐全，而且坐拥市中心的繁华夜景，充分调动五官感受，使出差旅行变成一种享受。

Project Name_
Golden Tulip Ashar Suites ShanghaiCentral
Chief Designer_
Thomas Dariel
Participate Designer_
Hou Yinjie
Location_
Shanghai
Project Area_
2,700sqm
Cost_
25,000,000RMB

项目名称_
上海爱莎金煦全套房酒店
主案设计_
Thomas Dariel
参与设计师_
侯胤杰
项目地点_
上海
项目面积_
2700平方米
投资金额_
2500万元

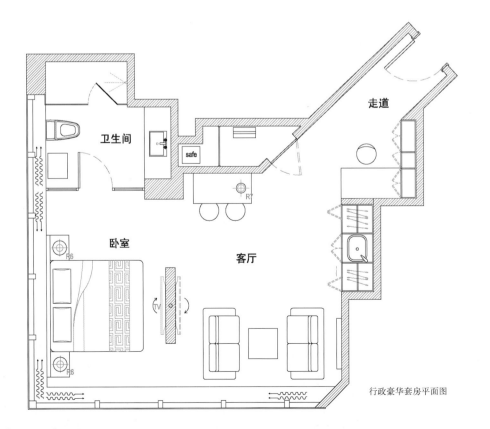

行政豪华套房平面图

主案设计：
刘延斌 Liu Yanbin
博客：
http:// 490265.china-designer.com
公司：
南京测建装饰设计顾问有限公司
职位：
设计总监

奖项：
1998-2008中国杰出室内设计师
"海峡两岸三地设计大赛"二等奖
2005年"华耐杯"中国室内设计大奖赛二等奖
"南京市十大优秀设计师"
"金羊奖"2007年度中国十大设计师（东部区）

项目：
荷田会所
武汉东湖国际会议中心
武汉东湖宾馆
长春松苑宾馆
吉林西关宾馆

武汉荷田会所
Wuhan Hetian Club

A 项目定位 Design Proposition

该项目位于城市的开发区，目的是满足于周边地区对商务、会务方面的需求。我们更强调业主的主业水平的密切关联，并将"水"这一元素融合入于设计之中。

B 环境风格 Creativity & Aesthetics

创造了一种沉稳、低调又不失典雅的灰调空间。

C 空间布局 Space Planning

没有艳丽的色彩，呈现在眼前的是由灰木纹大理石和深灰色铁刀木营造出的"灰调空间"，荷花、水草、水纹基理石料、贝壳装饰等元素的大量使用是为了强调与水的密切关联。

D 设计选材 Materials & Cost Effectiveness

灰木纹大理石，贝壳，铁刀木。

E 使用效果 Fidelity to Client

来过的客人惊讶于这里与众不同的色调。酒店氛围满足于这里的舒适度。由于功能齐备，流线合理，给会所的运营提供了非常好的硬件基础。

Project Name_
Wuhan Hetian Club
Chief Designer_
Liu Yanbin
Participate Designer_
Zheng Jun, Tian Yao
Location_
Wuhan Hubei
Project Area_
36,000sqm
Cost_
98,000,000RMB

项目名称_
武汉荷田会所
主案设计_
刘延斌
参与设计师_
郑军、田耀
项目地点_
湖北 武汉
项目面积_
36000平方米
投资金额_
9800万元

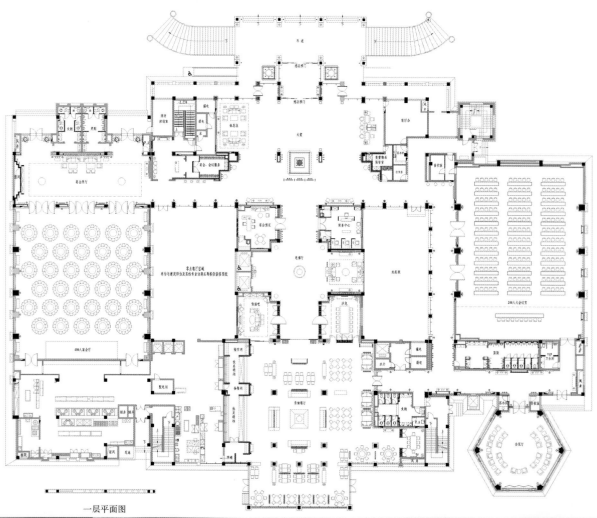

一层平面图

主案设计:
王崇明 Wang Chongming
博客:
http:// 67470.china-designer.com
公司:
杭州御王建筑装饰工程有限公司
职位:
御王YUWANG设计总监

奖项:
2011年"中国风"室内设计精英邀请赛最佳创意奖
2011年广州国际设计周/金堂奖年度优秀餐饮空间设计奖
2011年广州国际设计周/金堂奖年度十佳公共空间设计奖
2011年CIID第三届杭州室内设计大赛工程类

一等奖
2011年CIID中国建筑学会室内设计分会十大新秀设计师奖
项目:
御水温泉度假酒店
天目辉煌温泉度假酒店
长晟豪生大酒店　品尚豆捞坊旗舰店
乌海银行总部大楼室内外整体改造

江苏溧阳天目辉煌温泉度假酒店
Tianmu Brilliant Hot Springs Resort

A 项目定位 Design Proposition

原建筑是一座承载着历史记忆和情感寄托的旧工业建筑,经过研究和综合评估,决定将其改造成一座新与旧、传统与时尚、有一定东方文化内涵的温泉度假酒店。

B 环境风格 Creativity & Aesthetics

在整体的设计上,业主希望我们能就地取材,同时要求我们建筑的使用面积要达到最大化。经过对原结构的一系列分析和研究,我们充分利用原有的框架结构进行改造,保留旧建筑的同时还要将新加建的面积增加三倍才可以满足项目的需求,最终我们先以中空庭院式的框架为基础先进行了建筑改造。

C 空间布局 Space Planning

整体以文化、休闲、庭院为出发点进行整体旧建筑的改造设计及室内空间规划设计。

D 设计选材 Materials & Cost Effectiveness

我们通过对东方古典元素在现代装饰风格上的巧妙贯穿,运用材料特有的质感和图案经过提炼后来演绎现代度假酒店的非凡空间。在挖掘东方文化底蕴的同时,颠覆传统。在酒店客房的设计上我们从细节上入手,整个空间通过如原木、竹、藤等材料的运用与对比,手法以简洁为主。

E 使用效果 Fidelity to Client

由于前期以独特的设计定位和策划,深得江浙沪个人自驾游客及旅游团队的喜爱。现在周六日已是一房难求,在当地及周边区域已有一定的影响力,客户正在加紧三期温泉部分的工程进度。

Project Name_
Tianmu Brilliant Hot Springs Resort
Chief Designer_
Wang Chongming
Location_
Liyang Jiangsu
Project Area_
20,000sqm
Cost_
60,000,000RMB

项目名称_
江苏溧阳天目辉煌温泉度假酒店
主案设计_
王崇明
项目地点_
江苏 溧阳
项目面积_
20000平方米
投资金额_
6000万元

一层平面布置图

主案设计:
赖旭东 Lai Xudong
博客:
http:// 97348.china-designer.com
公司:
重庆年代营创设计有限公司
职位:
董事、设计总监

奖项:
2008年中国室内设计十大年度人物
2009年中国最具商业价值设计50强设计师
2009年首届中国地域文化室内设计大赛－中国地域文化精英设计师
2009年第四届中外酒店白金奖十大白金设计师

项目:
重庆世纪之星号涉外游轮
中国最大内陆游轮重庆世纪天子号涉外游轮
重庆世纪辉煌号涉外游轮
重庆世纪钻石号涉外游轮
重庆维多利亚凯迪号涉外游轮
重庆交旅集团黄金一号涉外游轮

北京鸿禧高尔夫酒店
Beijing Honeshee Golf Club Resort

A 项目定位 Design Proposition
通过与业主方反复沟通整个酒店设计风格定为Artdeco奢华风格以配合高端定位。

B 环境风格 Creativity & Aesthetics
总结该风格的经典元素如放射状，阶梯状、竖向排列等造型语言，用亲和度、包容度强的米黄色调来突出强调该酒店的独特空间。

C 空间布局 Space Planning
因该酒店是个会所性质酒店，在用餐，婚宴，娱乐、健身、洗浴这几部分做了大量投入，而相对弱化住宿空间。

D 设计选材 Materials & Cost Effectiveness
主要在用材上局部采用了半亚光的白砂米黄石材，在配合大量造型上使用同色的亚光米黄漆，同样黑色石材和黑色高光漆的运用，提升的档次同时又降低了工程造价，使整个酒店性价比大大提高。

E 使用效果 Fidelity to Client
该酒店投入运行后迅速被评为中国十大高尔夫会所，酒店的优雅奢华度让到访客人纷纷称赞。

Project Name_
Beijing Honeshee Golf Club Resort
Chief Designer_
Lai Xudong
Participate Designer_
Xia Yang
Location_
Beijing
Project Area_
16,000sqm
Cost_
48,000,000RMB

项目名称_
北京鸿禧高尔夫酒店
主案设计_
赖旭东
参与设计师_
夏洋
项目地点_
北京
项目面积_
16000平方米
投资金额_
4800万元

主案设计：
赖旭东 Lai Xudong
博客：
http://97348.china-designer.com
公司：
重庆年代营创设计有限公司
职位：
董事、设计总监

奖项：
2008年中国室内设计十大年度人物
2009年中国最具商业价值设计50强设计师
2009年首届中国地域文化室内设计大赛－中国地域文化精英设计师
2009年第四届中外酒店白金奖十大白金设计师

项目：
重庆世纪之星号涉外游轮
中国最大内陆游轮重庆世纪天子号涉外游轮
重庆世纪辉煌号涉外游轮
重庆世纪钻石号涉外游轮
重庆维多利亚凯迪号涉外游轮
重庆交旅集团黄金一号涉外游轮

重庆市江北威斯莱喜百年设计酒店
Chongqing Jianbei WeiShiLai XiBaiNian Hotel

A 项目定位 Design Proposition
不同于该地区其它普通商务酒店，以设计师力量用有限投资打造一个全新艺术时尚酒店。

B 环境风格 Creativity & Aesthetics
改变酒店原来的新古典欧式外观常用米黄色调，用深灰浅灰色让整个外观内敛，低调神秘，室内设计采用现代手法为主。为了与欧式外观有所统一，在柱子，灯具，家具上运用了西方典型的浪漫主义线条造型，并搭配欧洲的建筑摄影画，雕塑小品与之呼应。

C 空间布局 Space Planning
放弃酒店其他回报率低的配套空间，只保留大堂，多功能餐厅，会议室和客房，在客房中让盥洗台面，洗浴和坐便区各自独立以方便同时使用。

D 设计选材 Materials & Cost Effectiveness
用材上大量运用黑白灰无色系的材料，黑色不锈钢，灰色皮革，深褐色木皮，灰色墙纸，灰色地毯来烘托突出整个空间定制设计的有色系的家具和艺术品。

E 使用效果 Fidelity to Client
整个酒店开张短短一个月，入住率突破85％，对于一个只用快捷酒店的投资达到如此感官效果好和回报率高的酒店，业主方和入住客人都非常满意。

Project Name_
Chongqing Jianbei WeiShiLai XiBaiNian Hotel
Chief Designer_
Lai Xudong
Participate Designer_
Xia Yang
Location_
Jiangbei Chongqing
Project Area_
7,800sqm
Cost_
11,310,000RMB

项目名称_
重庆市江北威斯莱喜百年设计酒店
主案设计_
赖旭东
参与设计师_
夏洋
项目地点_
重庆市 江北区
项目面积_
7800平方米
投资金额_
1131万元

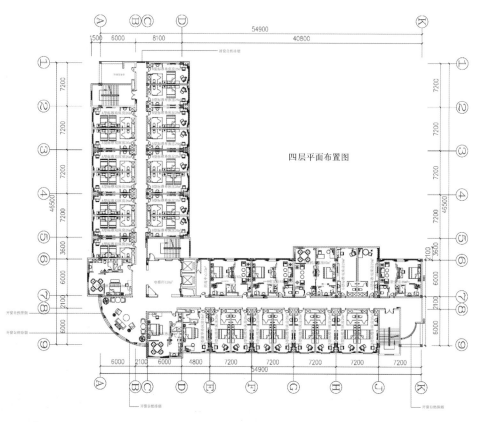

四层平面布置图

主案设计：
潘向东 Pan Xiangdong
博客 http://136198.china-designer.com
公司 广州市城市组设计有限公司
职位 总设计师
职称：
广东省土木建筑学会环境艺术专业委员会委员
中国建筑学会室内设计分会（CIID）专家委

员会委员/理事
南方都市报"2004-2007年广州金牌户型评
荐活动"设计评荐组评委
国际室内建筑师/设计师团体联盟（IFI）资
格会员
中国建筑装饰协会设计委员会理事
奖项：
金堂奖•2010年度设计人物

金羊奖•2007中国十大设计师团队
项目：
2010年上海世博会中国馆项目
2010年广州亚运会开幕式会场馆项目
广州国际金融中心项目
广州新天希尔顿酒店项目
广晟国际大厦项目
广州远洋大厦项目

广州银行广场项目
保利会展中心项目
中泰国际广场项目
成都T2候机楼项目
澳门大学横琴岛新校区项目
钱学森图书馆项目

广州新天希尔顿酒店
Hilton Hotel - Guangzhou

A 项目定位 Design Proposition

酒店位于广州天河中心商务区，交通便利，周围高档写字楼林立，将酒店的市场定位为高级商务酒店。在设计策划上，要将酒店营造出具有特色的城市中森林般自然之感，是闹市中宁静的一片世外桃源。

B 环境风格 Creativity & Aesthetics

在该酒店的设计中，运用抽象的手法，将大自然收纳在室内外空间之中。同时，融入中国元素，营造出陶渊明笔下"采菊东篱下，悠然见南山"的悠闲和惬意。

C 空间布局 Space Planning

大堂是整个酒店设计的亮点：墙为山，灯为云，地为水；在这里，山岭裸露、阳刚，天空清澈、梦幻，浮云柔和、幽静，流水静谧、优雅。山脉、蓝天、浮云与流水构成了一幅大跨度、大视野的原始之美以及宽阔之美。

D 设计选材 Materials & Cost Effectiveness

选材上均为营造一种自然的氛围，如大堂的黄金雕塑墙和LED灯墙，以山为形的主题墙彷如太阳之光洒遍山间，闪耀金辉。室内景观水池的LED灯体的应用，在天花效果作用下，让人感觉犹如身在银河系，徜徉于自然之中。

E 使用效果 Fidelity to Client

酒店管理公司表示，无论在功能上，还是设计上，能满足酒店经营的要求，也让宾客在闹市中找到宁静及放松。

Project Name_
Hilton Hotel - Guangzhou
Chief Designer_
Pan Xiangdong
Location_
Tianhe Guangzhou
Project Area_
60,000sqm
Cost_
200,000,000RMB

项目名称_
广州新天希尔顿酒店
主案设计_
潘向东
项目地点_
广州 天河
项目面积_
60000平方米
投资金额_
20000万元

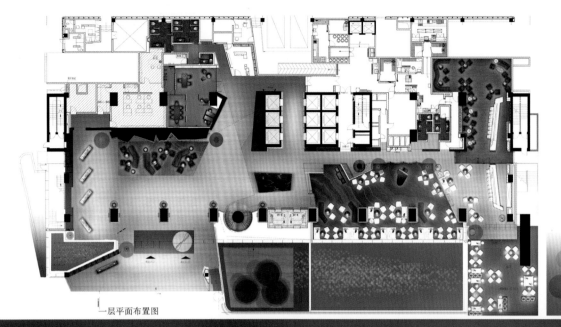

一层平面布置图

主案设计：
梁爱勇 Liang Aiyong
博客：
http:// 205748.china-designer.com
公司：
苏州金螳螂建筑装饰股份有限公司
职位：
第六设计院副院长

奖项：
2011年度中国室内设计学会奖办公方案类铜奖
2011年度国际环境艺术创新设计华鼎奖办公
类一等奖、文教类二等奖、商业类三等奖
2011年度照明周刊灯光设计江苏区三等奖
2011年金堂奖年度会所、酒店优秀奖
2010年届中国国际空间环境艺术设计大赛优
秀奖

2010年全国建筑工程装饰奖设计类
第四届全国环境艺术设计大赛"中国美术
奖"入选作品
项目：
信阳宏永泰锦江国际大酒店
扬州金陵大饭店
黄山国际大酒店
江苏永联度假酒店

姜堰宾馆
Jiangyan Hotel

A 项目定位 Design Proposition
当地第一家五星酒店，周边有国家4A级景区溱湖国家湿地公园，中国溱潼会船节所在地，每年都吸引外国游客，海内外华人来旅游观光，对酒店宾馆需求广阔。

B 环境风格 Creativity & Aesthetics
"延其形、传其神" 是本酒店设计的综旨传统建筑大多以木结构为特色的独立的建筑艺术，建筑中的各种屋顶造型、飞橡翼角、斗供彩画、朱柱金顶、内外装修门及园林景物等，充分体现出中国建筑艺术的纯熟和感染力。发扬传统建筑美也是当代设计师的使命和民族情感，风格高雅、现代抽像的艺术品，现代东方的禅意也可以从酒店中得到很好的起现。

C 空间布局 Space Planning
根据当地的特点，一楼主要为大堂，堂吧，两个有独立门厅的小宴会厅，二楼为餐饮包厢，自助西餐厅，三楼大小宴会，会议，康乐，四楼以上为客房，通过完美的流线，流畅的弧度象征东方与西方的交汇。

D 设计选材 Materials & Cost Effectiveness
传统的建筑元素，现代的装饰材料，以石材，木饰面，不锈钢网格为主。

E 使用效果 Fidelity to Client
因酒店整体定们为现代中式，整体色调低沉素雅，深浅对比强烈，客人反应较好，试营业半年来，入住率稳步上升。

Project Name_
Jiangyan Hotel
Chief Designer_
Liang Aiyong
Participate Designer_
Ge Yuliang
Location_
Taizhou Jiangsu
Project Area_
42,000sqm
Cost_
180,000,000RMB

项目名称_
姜堰宾馆
主案设计_
梁爱勇
参与设计师_
葛余良
项目地点_
江苏 泰州
项目面积_
42000平方米
投资金额_
18000万元

主案设计：
刘延斌 Liu Yanbin
博客：
http://490265.china-designer.com
公司：
南京测建装饰设计顾问有限公司
职位：
设计总监

奖项：
1998-2008中国杰出室内设计师
"海峡两岸三地设计大赛"二等奖
2005年"华耐杯"中国室内设计大奖赛二
等奖
"南京市十大优秀设计师"
"金羊奖"2007年度中国十大设计师（东部
区）

项目：
荷田会所
武汉东湖国际会议中心
武汉东湖宾馆
长春松苑宾馆
吉林西关宾馆

武汉东湖会议中心
Wuhan East Lake Confetence Center

A 项目定位 Design Proposition
本项目由会议中心、客房中心、宴会中心三组建设组合而成，各种不同面积的会议空间及可容纳1500人的宴会厅，极大的提升了湖北武汉的大型会议接待品质，湖北武汉是荆楚文化的发祥地，对于如此灿烂的文明，我们充满了敬佩。

B 环境风格 Creativity & Aesthetics
建筑形态的多变给室内空间带来了活力和与众不同。业主希望拥有一个现代的会议型酒店，设计师在此基础上还通过现代的手法融合了青铜纹样、凤鸟、竹简这些传统元素，以体现地域文化。

C 空间布局 Space Planning
宴会中心其独特华丽的装饰，宽敞气派的空间，完善的功能，合理的流线，获得了极高的评价。

D 设计选材 Materials & Cost Effectiveness
水晶玻璃，不锈钢工艺，浮雕大理石。

E 使用效果 Fidelity to Client
该项目建成后，已接待了上至国家，下至地方的各类会议，获得了广泛的赞誉。

Project Name_
Wuhan East Lake Confetence Center
Chief Designer_
Liu Yanbin
Participate Designer_
Zheng Jun, Tian Yao
Location_
Wuhan Hubei
Project Area_
68,000sqm
Cost_
250,000,000RMB

项目名称_
武汉东湖会议中心
主案设计_
刘延斌
参与设计师_
郑军、田耀
项目地点_
湖北 武汉
项目面积_
68000平方米
投资金额_
25000万元

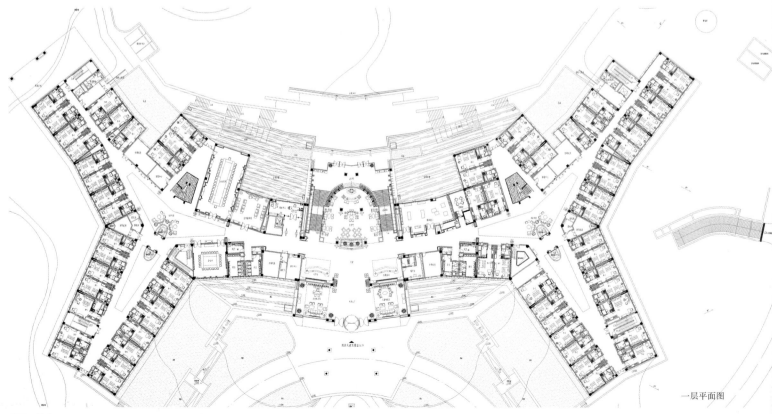

一层平面图

主案设计：
曾莹 Zeng Ying
博客：http:// 491738.china-designer.com
公司：广州集美组室内设计工程有限公司
职位：高级设计师
奖项：
2011年2010-2011年度杰出设计师奖
2010年金堂奖·2010 CHINA-DESIGNER 中

国室内设计年度评选
  2008年第四届海峡两岸四地室内设计大赛设
计师组公共建筑工程类银奖
  2008年第七届中国国际室内设计双年展金奖
（3个项目各一金奖）
  2008年为中国而设计第三届全国环境艺术设
计大展——优秀作品（专业组）

项目：
  2009年，广东迎宾馆、卡森博鳌
亚洲湾酒店及样板间项目、纽约长岛
酒店、珠江新城保利中心六号楼
  2010年，保利中心顶层会所、方
圆大厦四层酒膳、丽江花马溪谷酒
店、嘉兴湘家荡接待中心、方圆海南
土福湾酒店

  2011年，海南保亭龙湾城
店及样板间、创鸿南沙一品
楼部及样板间、方圆明月山
私人会所、方圆木渎云山诗
售楼部及会所、方圆海南龙
湾项目、三亚大东海凭海阁
饮会所

南海卡森博鳌亚洲湾酒店
KASEN ASIA BAY

A 项目定位 Design Proposition
水泛银波、星点白屋、渔歌起落构成海南博鳌休闲雅致的海岸景观。

B 环境风格 Creativity & Aesthetics
运用现代手法演绎充满亚洲风情的酒店空间，集美组承担的整体室内设计力求保留原建筑所强调的纯净空间之美。

C 空间布局 Space Planning
注重留白，关注细节，从宗教、传统建筑、人文自然等获取灵感。

D 设计选材 Materials & Cost Effectiveness
经过推敲寻找其中的精辟与韵味，提炼出粹色、简形、臻意、朴质等元素。

E 使用效果 Fidelity to Client
空间雅致大气，业主非常满意。

Project Name_
KASEN ASIA BAY
Chief Designer_
Zeng Ying
Participate Designer_
Xiao Zhengheng, Zhang Yuxiu, Ye Bowen
Location_
Qionghai Hainan
Project Area_
16,000sqm
Cost_
350,000,000RMB

项目名称_
南海卡森博鳌亚洲湾酒店
主案设计_
曾莹
参与设计师_
肖正恒、张宇秀、叶博文
项目地点_
海南省 琼海市
项目面积_
16000平方米
投资金额_
35000万元

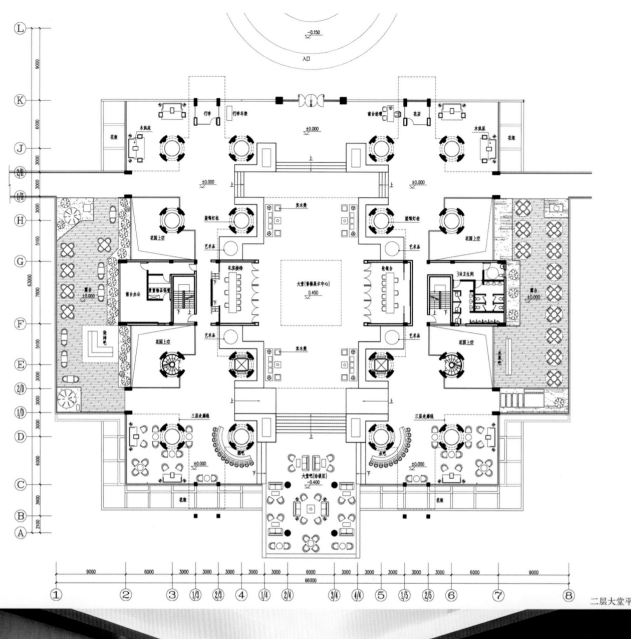

二层大堂平面图

主案设计：
吴晓温 Wu Xiaowen
博客：
http:// 505859.china-designer.com
公司：
大石代设计咨询有限公司
职位：
北京公司负责人

奖项：
"八号御膳" 获2011年晶麒麟中国室内设计大奖赛优秀奖/2010年中国室内设计大奖赛优秀奖
"包头珍逸食神" 获2009中国室内空间环境艺术设计大赛二等奖

项目：
北京珍逸食神火锅
保定珍逸食神
包头珍逸食神
天津井河公馆
天津八号御膳
唐山万逸海派酒店等

唐山万逸海派酒店
MILLION LEISURE

A 项目定位 Design Proposition

本案酒店打造英伦风格、伯爵人文生活方式，社会主流人群、CEO精英人士休憩品味、商务交际的品质空间。

B 环境风格 Creativity & Aesthetics

酒店建筑面积12000平方米，集国际品牌餐饮、海派主题客房、商务会籍管理、多媒体会议及文化艺术鉴赏交流中心为一体。

C 空间布局 Space Planning

酒店设有多种英伦海派风格客房，空间优雅独特，每间豪华客房都备有舒适卧具及多种电子元素。为满足宾客多层次需求，还设有商务中心、棋牌室等服务设施，配套项目齐全。 酒店设计结合International Modern国际现代海派元素，整合出大气、时尚、典雅的英伦海派风格。

D 设计选材 Materials & Cost Effectiveness

璀璨的孔雀羽，晶莹的贝母面，自由浪漫的氛围中彰显着典雅高贵的生活，红酒、雪茄、书社穿插其中，茶余饭后给予客人更多美好的体验……

E 使用效果 Fidelity to Client

潺潺的流水环绕在大厅周围，停下快节奏的生活置身于小溪旁，品一杯法国红酒，随手一本书，放松一下心情，融入在这优雅的环境中感受Million Leisure带给您的尊贵生活。当然有最好的waiter、甜美的微笑、细心的照顾、人性化的考虑，这一切带给客人不同的生活体验。

Project Name_
MILLION LEISURE
Chief Designer_
Wu Xiaowen
Participate Designer_
Zhang Yingjun
Location_
Tangshan Hebei
Project Area_
10,000sqm
Cost_
50,000,000RMB

项目名称_
唐山万逸海派酒店
主案设计_
吴晓温
参与设计师_
张迎军
项目地点_
河北 唐山
项目面积_
10000平方米
投资金额_
5000万元

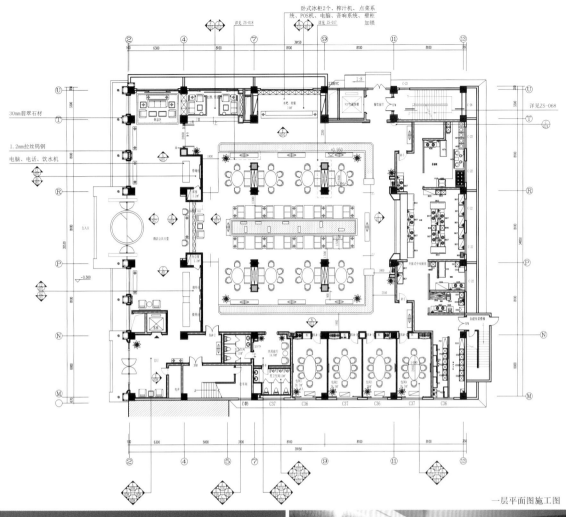

卧式冰柜2个、榨汁机、点菜系
统、POS机、电脑、音响系统、壁柜
加锁

详见ZS-017

详见ZS-018

30mm翡翠石材

1.2mm拉丝锅钢

电脑、电话、饮水机

详见ZS-068

一层平面图施工图

主案设计：
马进 Ma Jin
博客：
http:// 871701.china-designer.com
公司：
香港集美设计顾问有限公司
职位：
设计总监

奖项：
2009年金外滩室内设计竞赛最佳概念设计奖
第六届中国国际设计博览会2010-2011年度
资深杰出优秀设计师
"2011年度国际环境艺术创新设计华鼎奖"
酒店设计方案类 一等奖
IAI+AWARDS2011绿色设计全球大奖暨"自
然风"亚太设计精英赛 最佳绿色环保设计大奖

项目：
南昌洗药湖酒店
湖南鑫远白天鹅大酒店
广州云来斯堡酒店
澳门府私房菜酒楼
三亚蜈支洲岛中心酒店
井冈山山泉花园酒店
启东市行政综合服务中心

海门市行政中心
杭州市民中心
成都置信创意总部
泰州华侨城水岸商业

南昌洗药湖避暑山庄
The Nanchang XiYao Lake Spa &Resort

A 项目定位 Design Proposition

本案配合梅岭风景区的整体开发战略，把梅岭风景区打造成全国著名的休闲、观光、度假、游览的目的地。从景观到建筑，从建筑到室内，从室内用材到软装选型，都延续一个总体的设计定位：休闲、自然、养生、野趣的度假环境。

B 环境风格 Creativity & Aesthetics

新亚洲风格，是目前国际建筑界极受推崇的一种理念。它主张以具有浓厚地域特色的传统文化为根基，融入现代西方文化，在更加关注现代生活的舒适性的同时，亦让亚洲优秀传统文化得以传承和发扬。

C 空间布局 Space Planning

将休闲度假与东方文化通过艺术的设计手法，巧妙的与自然环境融为一体，达到天人合一的意境……

D 设计选材 Materials & Cost Effectiveness

在装饰材料的选择中，均已考虑到将来运营中的耐久性和易于维护。由采用模数化设计，大量材料易于更换。由于大量采用天然材料，确保了装饰材料的循环再利用性能。部分高科技合成材料具有可降解特性。

E 使用效果 Fidelity to Client

本设计上得到业内大奖，使用上业主非常满意。

Project Name_
The Nanchang XiYao Lake Spa &Resort
Chief Designer_
Ma Jin
Location_
Nanchang Jiangxi
Project Area_
6,800sqm
Cost_
80,000,000RMB

项目名称_
南昌洗药湖避暑山庄
主案设计_
马进
项目地点_
江西 南昌
项目面积_
6800平方米
投资金额_
8000万元

主案设计：
龚剑 Gong Jian
博客：
http://993344.china-designer.com
公司：
凹凸设计事务所
职位：
项目经理

奖项：
2011 "亨特窗饰杯首届中国软装100" 设计
盛典 "酒店设计类" 优秀作品
2011 "亨特窗饰杯首届中国软装100" 设计
盛典十佳作品

项目：
老道精舍
六十六空间
凹凸设计事务所办公室

北海老道精舍
Backpacker Inn

A 项目定位 Design Proposition

保护老建筑，将其功能置换，使得骑楼重获新生，在城市化飞速发展、城市形态趋同的今天，老建筑所具有的承接历史、传递文化的使命显得尤为重要。

B 环境风格 Creativity & Aesthetics

保护了骑楼原有的建筑风貌，中西合璧的建筑特点，曾经具有的殖民文化和沿海文化是骑楼最大的特色之一，保护具有历史感的建筑外观的同时，将其内部结构进行加固，充分利用骑楼内部的天井进行空间内部采光及通风。

C 空间布局 Space Planning

在骑楼原有的空间布局的基础上，加建两层，扩展了骑楼空间使用的可能。酒店只有13间客房，却具备了青年卧铺、标准间、套房及豪华套房满足不同游客对入住环境的需求。顶层客房还具有独立的屋顶花园，享受SPA的同时还能欣赏风景优美的海岸线。

D 设计选材 Materials & Cost Effectiveness

材料的选用上基本都是从当地选材，我们认为寻找最适合海边建筑并能够体现当地建筑特色的材料才是最重要的。为了能够体现欧式田园风格的装饰特点，选用了大量木材和铁艺制品，水泥和红砖的创新利用是材料使用的又一亮点。

E 使用效果 Fidelity to Client

老道精舍成为老街的标志性建筑，也成为老街整体规划合理保护骑楼的典范之作。得到北海旅游局及老城办公室的一致好评，酒店也深受海内外游客的喜爱。

Project Name_
 Backpacker Inn
Chief Designer_
Gong Jian
Participate Designer_
Liu Meng
Location_
Beihai Guangxi
Project Area_
1,000sqm
Cost_
2,000,000RMB

项目名称_
北海老道精舍
主案设计_
龚剑
参与设计师_
刘猛
项目地点_
广西 北海
项目面积_
1000平方米
投资金额_
200万元

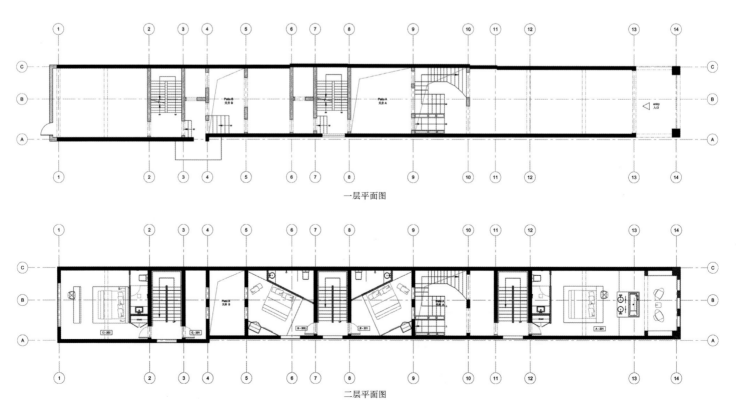

一层平面图

二层平面图

主案设计:
金文斌 Jin Wenbin
博客:
http:// 1010093.china-designer.com
公司:
浙江中天建筑装饰设计院有限公司
职位:
院长

奖项:
CIID授予的最佳室内设计师
IDA授予的"国际中国优秀设计师"
亚太酒店设计协会理事
"杭州紫萱渡假村"获浙江省优秀装饰设计奖
"安徽黄山天都酒店"获2010酒店客房室内
设计杰出奖

项目:
杭州紫萱度假村　　成都白金瀚宫酒店
拉萨瑞吉度假酒店
安徽黄山天都大酒店
嘉兴新洲国际大酒店
芜湖南湖国际大酒店
新疆米东国际大酒店
重庆仙女山华邦酒店

重庆仙女山华邦酒店
Fairy Mountain Huapont Hotel Chongqing

A 项目定位 Design Proposition
经济，社会和环境的平衡，具有商业利益、造福当地社区、高品质产业。

B 环境风格 Creativity & Aesthetics
体现当地民族特色，用时尚创新的手法演绎。

C 空间布局 Space Planning
用苏州园林的设计手法，充分利用得天独厚的自然环境，达到园中有林，林中有屋，屋里有景的效果。

D 设计选材 Materials & Cost Effectiveness
从当地取材，让建筑融入自然环境，深入研发传统建筑材料。

E 使用效果 Fidelity to Client
体验式度假，天然森林氧吧，集休闲，餐饮，水疗，运动于一体。

Project Name_
Fairy Mountain Huapont Hotel Chongqing
Chief Designer_
Jin Wenbin
Location_
Chongqing
Project Area_
25,000sqm
Cost_
100,000,000RMB

项目名称_
重庆仙女山华邦酒店
主案设计_
金文斌
项目地点_
重庆
项目面积_
25000平方米
投资金额_
10000万元

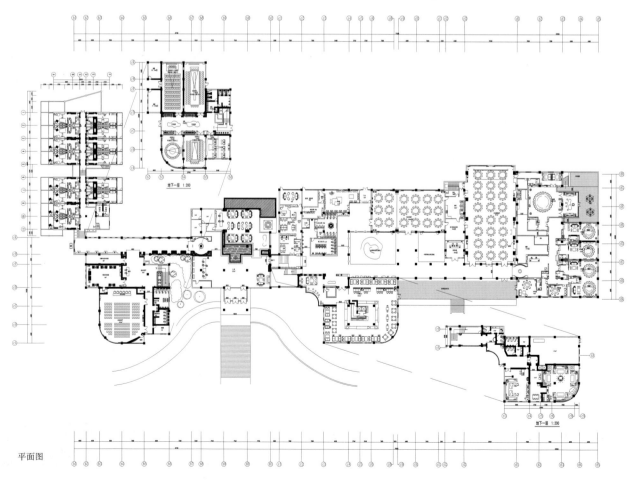

平面图

主案设计：
周勇 Zhou Yong
博客：
http://1011166.china-designer.com
公司：
成都市雅仕达建筑装饰工程有限责任公司
职位：
设计总监

项目：
成都清华坊
广州清华坊
北京优山美地A区、C区
成都蜀郡
成都青城山上善栖
中国会馆

成都中国会馆会所
Clubhouse of China Hall in Chengdu

A 项目定位 Design Proposition

我们一直把握"充分满足现代功能，用现代设计手法和材料演绎传统"的基本设计理念。中国会馆在产品定位上就是努力在寻找我们失去了的心灵归属，寻找当今国人的梦想家园。

B 环境风格 Creativity & Aesthetics

我们定位为"河边的院子"，在规划上我们满足了"河边"，在建筑上我们要满足"院子"。"河边"和"院子"就成为了整个项目的灵魂。将各种具备现代功能的空间进行围绕院落有机组合，保证做到每个房间足够的通风和采光，同时注重大小院落天井之间的穿插和分割，营造在空间序列中的趣味。

C 空间布局 Space Planning

从大门进入，沿中轴线两侧都是对称的建筑，分别是项目展示区和洽谈区，用长廊相连。庭院中间和建筑的周围都是平静的水面，环伺着展示区和洽谈区。洽谈区的布置方便客人在室内任何位置欣赏外面的景观，同时联系侧院的VIP房和会所。VIP房的前面是围廊和庭院，后面是可以出去的景观平台，全用玻璃幕墙分隔，将景"借"入室内。

D 设计选材 Materials & Cost Effectiveness

实木、玻璃、石材的运用，将传统文化通过现代设计手法重新演绎。

E 使用效果 Fidelity to Client

中国会馆项目的建成，在成都地区具有相当大的影响力，业内外人士纷纷前来参观，给予高度的评价。同时，成都的媒体曾评价：该项目是中国传统建筑的文艺复兴，对当地的建筑品质有了巨大的提升。

Project Name_
Clubhouse of China Hall in Chengdu
Chief Designer_
Zhou Yong
Participate Designer_
Hong Minghao, Wu Bin, Tang Ni, Wang Wei
Location_
Chengdu Sichuan
Project Area_
2,820sqm
Cost_
20,000,000RMB

项目名称_
成都中国会馆会所
主案设计_
周勇
参与设计师_
洪明皓、吴斌、唐妮、王薇
项目地点_
四川 成都
项目面积_
2820平方米
投资金额_
2000万元

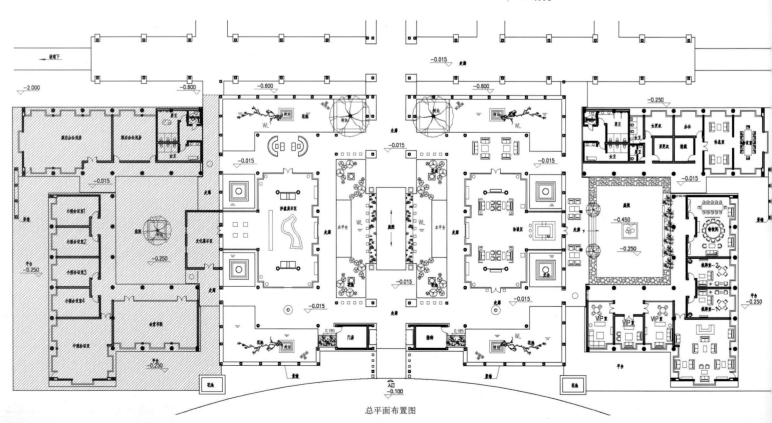

总平面布置图

主案设计：
杨彬 Yang Bin
博客：
http:// 1011177.china-designer.com
公司：
柏盛国际设计(香港)顾问有限公司
职位：
董事、设计总监

奖项：
2009年中国（上海）国际建筑及室内设计节
"金外滩奖" 荣获入围奖
2011年中国照明应用设计大赛全国总决赛
"优胜奖"
2011年深圳现代装饰 "年度精英设计师奖"

项目：
正方元锦江国际饭店   皇宫大酒店
中州国际饭店加盟店   中华国宴
弘润华夏大酒店   祥记、金堂鲍鱼
深圳麒麟山庄   新长安俱乐部
长沙国际会展中心酒店   CBD皇家一号会所
济南空军蓝天宾馆
越秀酒家（金水路店）

郑州市正方元锦江国际饭店

Zhengfangyuan Jinjiang International Hotel, Zhengzhou

A 项目定位 Design Proposition
依托海派，根植中原，打造商务酒店的典范。

B 环境风格 Creativity & Aesthetics
摒弃繁杂，简约时尚，以人为本。

C 空间布局 Space Planning
空间立体化设计，客房层与公共区域有效分离，保证客流的顺畅。

D 设计选材 Materials & Cost Effectiveness
工厂化定制，绿色环保是本次设计施工的亮点。

E 使用效果 Fidelity to Client
在中原大地起到商务酒店的里程碑作用。

Project Name_
Zhengfangyuan Jinjiang International Hotel, Zhengzhou
Chief Designer_
Yang Bin
Participate Designer_
Yan Zhijun
Location_
Zhenzhou Henan
Project Area_
30,000sqm
Cost_
300,000,000RMB

项目名称_
郑州市正方元锦江国际饭店
主案设计_
杨彬
参与设计师_
闫志军
项目地点_
河南省 郑州市
项目面积_
30000平方米
投资金额_
30000万元

主案设计:
王建伟 Wang Jianwei
博客:
http:// 1012358.china-designer.com
公司:
黑龙江国光建筑装饰设计研究院有限公司
职位:
总工程师

奖项:
作品曾获得中国建筑学会室内设计分会2010年中国室内设计大奖赛酒店宾馆工程类三等奖
吉林南湖宾馆入选2008《中国室内设计年刊》

项目:
哈尔滨友谊宫
佳木斯江天大酒店
哈尔滨日月潭
哈尔滨投资大厦

哈尔滨伏尔加庄园
Harbin Volga Manor

A 项目定位 Design Proposition

伏尔加庄园展现的是一幅画卷,是一幅充满远东西伯利亚情怀的俄式油画画卷,让生活在今天繁华都市的人们领略到了异域风情,更以独特的方式向世人展示哈尔滨独有的文化历史和国际化氛围。

B 环境风格 Creativity & Aesthetics

室内设计方案传承了俄罗斯传统建筑元素符号及民族文化,并结合功能特性及外立面的形式来体现出明确的主题风格。

C 空间布局 Space Planning

整个园区依山傍水、风光秀丽、景色宜人。其内部建筑包括教堂、接待中心、会议中心、贵宾楼、江畔餐厅、俱乐部、陈列馆、别墅、大小巴尼等多栋俄式风格建筑,周围亭台水榭、雕塑小品与其相映成趣。

D 设计选材 Materials & Cost Effectiveness

设计手法繁简得当,材质运用以原木、毛石、仿古砖为主,粗犷自然,力求营造出充满俄式田园风情的空间氛围。

E 使用效果 Fidelity to Client

蜿蜒曲折的阿什河流过庄园,水连水,桥连桥,一派优美的田园风光;经典的俄式建筑群,带来的是"庄园画里听钟声,推窗忆情俄罗斯"的意境。开业后得到了社会各界的好评。

Project Name_
Harbin Volga Manor
Chief Designer_
Wang Jianwei
Participate Designer_
Li Yongxiang, Zhang Zhiyin
Location_
Haerbin Heilongjiang
Project Area_
20,000sqm
Cost_
80,000,000RMB

项目名称_
哈尔滨伏尔加庄园
主案设计_
王建伟
参与设计师_
李永翔、张志颖
项目地点_
黑龙江省 哈尔滨市
项目面积_
20000平方米
投资金额_
8000万元

一层平面布置图

主案设计：
徐少娴 Xu Shaoxian
博客：
http:// 1012541.china-designer.com
公司：
G.I.L. art & design
职位：
项目总监督及概念设计

奖项：
中国2010年上海世界博览会荣誉纪念证书
ic@2009 全球室内设计大奖酒店类别银奖
2009年广州设计周第五届中国饭店业设计装
饰大赛金堂奖
商务型酒店类别银奖
酒店大堂类别铜奖
酒店客房类别金奖

酒店餐厅类别银奖
中国十大酒店空间设计师大奖
项目：
上海世界博览会艺术顾问
香港天际万豪酒店

柳州丽笙酒店
Radisson Hotel, Liuzhou, China

A 项目定位 Design Proposition
酒店时代的现代元素与独具特色的民族风情文化为主导的商务/度假型酒店。

B 环境风格 Creativity & Aesthetics
酒店毗邻著名的少数民族旅游景点，设计以别具特色的地域织锦、银饰文化为背景，开启了酒店探秘之旅。

C 空间布局 Space Planning
首层独特大堂接待为整个酒店展开了诗一般的画面，风雨桥连系着首层大堂吧、与二层的中餐厅、全日餐厅。整个首层与二层空间布局更为开放通透，也为全日餐厅的层格式营运布局创造了先决条件，而一至三层的扶手电梯相通折返，使整个空间层层相连，为三层主题多功能宴会厅与左右两侧的会议室的布局创造了很大的便利，使酒店运营更为有效。四层的天空水吧承载着左右两侧健身房、SPA与游泳池，使得整层空间布局更趋向多功能私人会所，客人应为此而庆幸酒店给予的。

D 设计选材 Materials & Cost Effectiveness
沙漠风纹大理，与西班牙米黄雕刻大理石，与银饰特色图案为装饰新创意。

E 使用效果 Fidelity to Client
天独厚的地理优势，独一无二的国际酒店品牌，投入营运后，入住率之高，在世界哗然。

Project Name_
Radisson Hotel, Liuzhou, China
Chief Designer_
Xu Shaoxian
Location_
Liuzhou Guangxi
Project Area_
5350sqm
Cost_
180,000,000RMB

项目名称_
柳州丽笙酒店
主案设计_
徐少娴
项目地点_
广西 柳州
项目面积_
公共区域5350平方米
投资金额_
18000万元

主案设计：
徐少娴 Xu Shaoxian
博客：
http:// 1012541.china-designer.com
公司：
G.I.L. art & design
职位：
项目总监督及概念设计

奖项：
中国2010年上海世界博览会荣誉纪念证书
ic@2009 全球室内设计大奖酒店类别银奖
2009年广州设计周第五届中国饭店业设计装
饰大赛金堂奖
　商务型酒店类别银奖
　酒店大堂类别铜奖
　酒店客房类别金奖

　酒店餐厅类别银奖
　中国十大酒店空间设计师大奖
项目：
上海世界博览会艺术顾问
香港天际万豪酒店

常州凯纳豪生大酒店
Howard Johnson Kaina Plaza, Changzhou

A 项目定位 Design Proposition

本案由泰国最大工业园投资公司洛察纳工业园（大众）有限公司所投资，是常州目前最高建筑，内设五星级酒店及酒店式公寓。

B 环境风格 Creativity & Aesthetics

设计以中国式风情为主导，宛如衣裙的流线造型贯穿整个酒店，运用水晶吊灯，配以灯带夺目耀眼的光芒，营造出富丽堂皇的视觉效果。

C 空间布局 Space Planning

入口处三层挑空天花以"船"为设计灵感，配以水晶吊灯，形成错落有致的造型，结合中央水景及线条流畅的天花灯带，使整体空间增加了生动优雅的独特氛围。

D 设计选材 Materials & Cost Effectiveness

酒店运用不同大理石拼花的地台图案，灵动跳跃的地毯图案，钛金不锈钢，乌木竹节造型配以大型水晶吊灯，彰显尊贵。

E 使用效果 Fidelity to Client

酒店交通便利，人杰地灵，对于酒店内部的空间设计造型及材料搭配等，在当地都出类拔萃，给予了高度评价。

Project Name_
Howard Johnson Kaina Plaza, Changzhou
Chief Designer_
Xu Shaoxian
Location_
Changzhou Jiangsu
Project Area_
15,500sqm
Cost_
200,000,000RMB

项目名称_
常州凯纳豪生大酒店
主案设计_
徐少娴
项目地点_
江苏 常州
项目面积_
15500平方米
投资金额_
20000万元

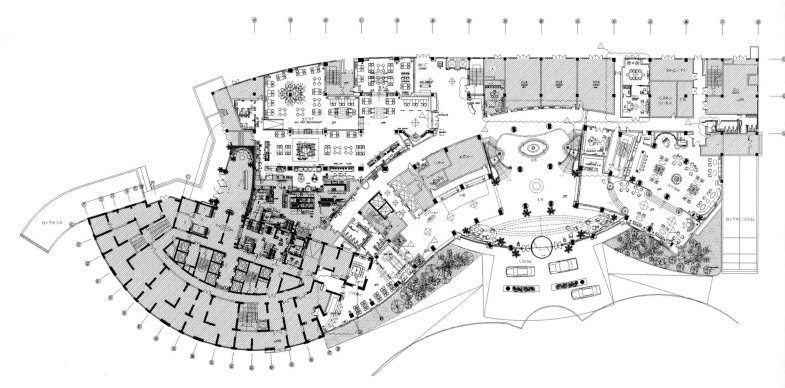

一层公共部分加紧总平面图

主案设计：
蔡春 Cai Chun
博客：
http:// 1012559.china-designer.com
公司：
浙江亚厦设计研究院有限公司
职位：
设计总监

奖项：
2011-2012年度室内设计百强人物

项目：
杭州南山路钜丰源餐厅
杭州新鼎红夜总会
杭州刘家香餐厅
北京宴铭园餐厅
北京西湖春天
杭州长生路海港澳门豆捞

杭州钜丰源酒店
Jufengyuan Hotel, Hangzhou

A 项目定位 Design Proposition

钜丰源酒店位于杭州南宋御街中山路，盐业银行杭州分行始建于上世纪20年代，由当时著名的建筑设计师沈理源设计。

B 环境风格 Creativity & Aesthetics

原建筑的设计中融入了中国传统装饰，推进了中西室内外建筑文化的融合，是中山路御街的一座经典历史建筑遗产。

C 空间布局 Space Planning

依据主辅楼空间规划上设置观光电梯，连接上下交通的垂直升降电梯设计在两个楼之间的走廊里，重新组织了横向交通。方便辅楼对主楼的服务，这样既保证了功能的完整，也很好的保护历史建筑。

D 设计选材 Materials & Cost Effectiveness

在电梯墙面透光混凝土夸张表现下完全被颠覆了，如今呈现出来的则是一种充满调侃意味的戏剧性效果。二层和三层餐厅包厢，走廊两侧是包厢墙面整体传统白色密度板钢琴漆线条和手绘墙纸的团案着实令很多人眼前一亮。

E 使用效果 Fidelity to Client

中西合璧，我们当然可以用这个词汇来总结，然而设计的意图显然是希望两种截然不同的文化互相撞击，以此来确立只属于这里的热烈而又不稳定的空间情绪。

Project Name_
Jufengyuan Hotel, Hangzhou
Chief Designer_
Cai Chun
Location_
Hangzhou Zhejiang
Project Area_
3,135sqm
Cost_
23,000,000RMB

项目名称_
杭州钜丰源酒店
主案设计_
蔡春
项目地点_
浙江 杭州
项目面积_
3135平方米
投资金额_
2300万元

主案设计：
於军 Yu Jun
博客：
http://1015592.china-designer.com
公司：
上海全筑建筑装饰集团有限公司
职位：
总经理助理

项目：
裕年万怡大酒店

上海裕年万怡大酒店
Courtyard Hotel

A 项目定位 Design Proposition

在建筑外观装饰风格上，我们尽量选择与周边建筑整体造型等方面和谐，不突兀，室内则耳目一新，装修风格极具时尚气息，又带一点南方酒店的特色，让商务客人在忙碌之余，略享闲情雅趣。

B 环境风格 Creativity & Aesthetics

我们在本案的设计过程中一直遵循"绿色设计""环保设计""节能设计""人性化设计"的宗旨，并把这些要素都融于酒店各个环境空间的每一个细节设计中去，充分运用灯光、材质、色彩的特性及其变化相结合、充分运用配饰的作用，来体现酒店的时尚文化及功能第一的特性。

C 空间布局 Space Planning

本案在空间布局和立体造型上，坚持以直线为主，一来是因为原建筑的局限，再则直线体现最短距离，体现追求效率，进而使整体布局最合理化，动线流畅，无死角，同时也符合现代时尚简约的所需要素。

D 设计选材 Materials & Cost Effectiveness

本案在选材上除遵循当今普遍的原则"绿色"、"环保"、"节能'等外，充分运用材质的物理及化学特性及其变化相结合，体现人性化设计及感受，坚持硬装用材种类尽量少的原则，通过所选产品的造型、色彩及独特的功能性来与硬装修的造型、色彩进行协调统一，从而使整个酒店的装修风格高度鲜明。

E 使用效果 Fidelity to Client

投入运营以来，赢得了众多客户的好评。

Project Name_
Courtyard Hotel
Chief Designer_
Yu Jun
Participate Designer_
Wang Hongyun, Huang Chunbin, Zhao Fengbin, Chen Haifeng
Location_
Puxi Shanghai
Project Area_
38,000sqm
Cost_
400,000,000RMB

项目名称_
上海裕年万怡大酒店
主案设计_
於军
参与设计师_
王红云、黄春斌、赵丰斌、陈海峰
项目地点_
上海 浦西
项目面积_
38000平方米
投资金额_
40000万元

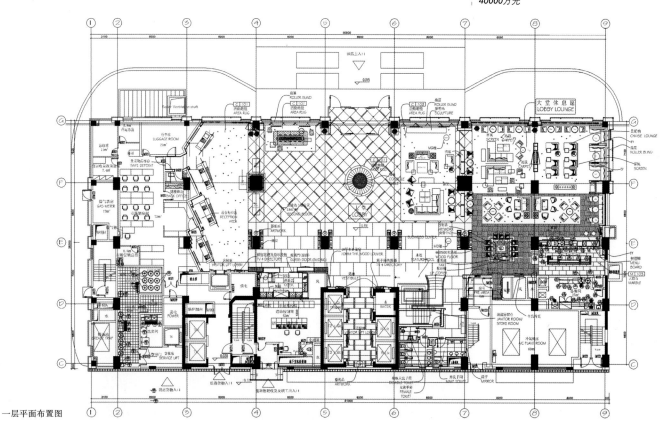

一层平面布置图

主案设计：
吕鲲鹏 Lv Kunpeng
博客：
http:// 164056.china-designer.com
公司：
温州市鲲誉装饰设计有限公司
职位：
设计总监

奖项：
第三届中国国际设计艺术观摩展 设计艺术
推动奖

项目：
马来西亚驻沪总领事馆
香缇半岛展示中心
滨江首府样板房

丽江悦庭轩精品酒店
Joyful Boutique Hotel

A 项目定位 Design Proposition

丽江悦庭精品客栈为首家进驻丽江大研古城区的设计师自创品牌精品酒店，酒店地处大研古城区四方街狮子山上，万鼓楼下，是丽江古城为数不多的可以俯瞰古城全景的地段。

B 环境风格 Creativity & Aesthetics

本案融合并萃取了多种风格的特质与元素，中式的、现代的、纳西的、东南亚的……如果要给她定义成某种风格的话，我想"自然、舒适、度假"就是她的风格。

C 空间布局 Space Planning

酒店由三个庭院构成，共设17间客房，其中十套为观景房，另设有中餐厅、咖啡厅酒吧、观景露台餐厅、露天茶庭。

D 设计选材 Materials & Cost Effectiveness

酒店的建筑形态采用了丽江古城传统的纳西风格的木结构建筑，而酒店的室内风格则不拘泥于某种特定的风格制式。

E 使用效果 Fidelity to Client

其独有的特色在于是质朴的，是睿智的，是自在的，也是天真的，在这里，还原到最原始最本初的自然状态。

Project Name_
Joyful Boutique Hotel
Chief Designer_
Lv Kunpeng
Participate Designer_
Zhao Bingna, Kong Hui
Location_
Gucheng Lijiang Kunming
Project Area_
1,500sqm
Cost_
8,000,000RMB

项目名称_
丽江悦庭轩精品酒店
主案设计_
吕鲲鹏
参与设计师_
赵冰娜、孔辉
项目地点_
云南 丽江 古城区
项目面积_
1500平方米
投资金额_
800万元

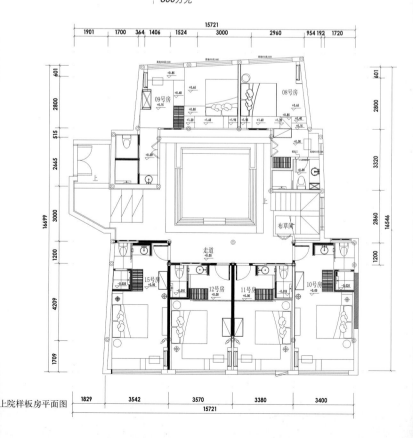

上院样板房平面图

主案设计：
郭宇宏 Guo Yuhong
博客：
http:// 494763.china-designer.com
公司：
福建省福州市佐泽装饰工程有限公司
职位：
总裁

奖项：
金羊奖2009年度"福建十大室内设计师"
金羊奖2009年度"中国百杰室内设计师"
2010金堂奖年度优秀餐饮空间设计
2010IAI双年设计大奖赛优秀餐饮空间设计
优秀奖
2011福建省建筑装修与室内设计创意大赛公
建方案类二等奖等

项目：
凤凰海鲜酒楼
德兴火锅
海源国际大酒店
好清香主题餐厅
泰阜阁时尚主题餐厅等

福州黎明戴斯大酒店
Liming Hotel Fuzhou

A 项目定位 Design Proposition
福州黎明戴斯大酒店坐落在美丽的加洋湖畔，毗邻乌山风景区。黎明大酒店是融浓郁的人文特色和鲜明的时代特征于一身，集餐饮、住宿、会议、康体娱乐等综合配套设施于一体的精品酒店。

B 环境风格 Creativity & Aesthetics
设计师从现代文化中挖掘其穿透时空、意远态浓的精神内涵，将中式元素精心提炼，再和现代时尚元素相结合，从而创造一种大气奢华但又留有一份悠然自得的意蕴，设计格外注重细节以及品质感的塑造，点、线、面进行严谨的对比呼应，疏密关系，黄金划分等。

C 空间布局 Space Planning
整个酒店设计遵循建筑空间结构，因势利导，合理塑造有机的空间；即要对现代文化的提炼，从中寻求多元化，又要大胆的创新周边文化，形成多重视觉效果的设计风格，打造特色现代艺术精品的风格，同时要满足星级酒店的标准和硬件要求。

D 设计选材 Materials & Cost Effectiveness
酒店以黑色、白色、灰色、米色、咖啡色为基调，节制而内敛。酒店运用了直纹白、黑银龙等大理石，黑檀木、皮革及不锈钢材质的巧妙搭配，使得整个酒店具有一种独特的现代韵味，妙趣横生。

E 使用效果 Fidelity to Client
整体氛围淡定从容，时时流露出现代分隔的的狂野。

Project Name_
Liming Hotel Fuzhou
Chief Designer_
Guo Yuhong
Participate Designer_
Lin Zhenwei, He Da, Xie Pengyu
Location_
Fuzhou Fujian
Project Area_
7,000sqm
Cost_
18,000,000RMB

项目名称_
福州黎明戴斯大酒店
主案设计_
郭宇宏
参与设计师_
林振委、贺达、谢鹏宇
项目地点_
福建省 福州市
项目面积_
7000平方米
投资金额_
1800万元

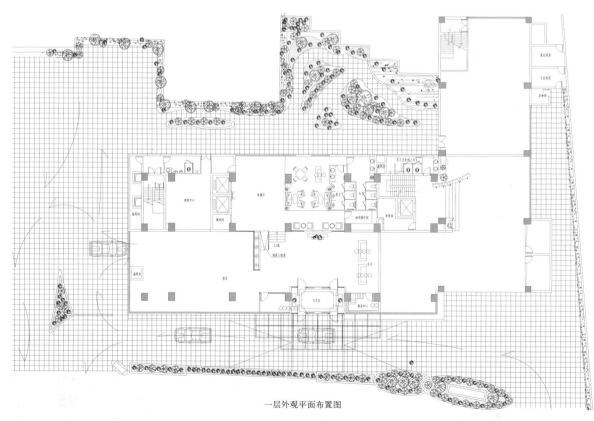

一层外观平面布置图

主案设计：
蒋涛 Jiang Tao
博客：
http:// 1014634.china-designer.com
公司：
成都佳博饰装饰工程设计有限公司
职位：
设计总监

奖项：
2011-2012年度室内设计百强人物

项目：
杭州南山路钜丰源餐厅
杭州新鼎红夜总会
杭州刘家香餐厅
北京宴铭园餐厅
北京西湖春天
杭州长生路海港澳门豆捞

昆明新天地酒店
New World Hotel Kunming China

A 项目定位 Design Proposition

本案是一个集客房、休闲、餐吧为一体的私密性概念会所，也是一个古今合并、易古易今的精品酒店。它外表保有古朴民族的建筑风格，但却又蕴含了现代的休闲娱乐功能。

B 环境风格 Creativity & Aesthetics

本案是位于昆明滇池湖畔的顶级私人会所式酒店，围绕着它的是一个具有古典式、云南式的古街，远远望去，它与滇池湖畔、民族村交相呼应，自然而有灵性。

C 空间布局 Space Planning

较其他作品而言，本案的中庭是整个酒店设计的亮点。设计师改变了传统中庭设计的封闭式风格，利用昆明四季如春的气候特点，在中庭设计了一个露天的水晶观景台，可以感受自然的洗礼。设计师匠心独运，将水晶观景台与莲花池畔，钢质的水幕墙恰到好处的相接为一体，让旅客能够在喧嚣的城市中能听到清脆的潺潺流水声，让人心脾沉醉，颇有着几分小桥流水人家的感觉，会有着几分幽静，几分沉迷。

D 设计选材 Materials & Cost Effectiveness

利用大理石、青石、浮雕砂岩板、不锈钢、艺术涂料、木结构、玻璃等传统和现代的材料及工艺手法，形成易古易今、中西混搭的设计风格，不会因时间的流逝而被边缘化。

E 使用效果 Fidelity to Client

作为酒店的设计者，本案的设计师不仅让作品满足了业主的需要，更多的是满足了客人的需求。

Project Name_
New World Hotel Kunming China
Chief Designer_
Jiang Tao
Location_
Dianchi Kunming
Project Area_
4,200sqm
Cost_
9,500,000RMB

项目名称_
昆明新天地酒店
主案设计_
蒋涛
项目地点_
昆明 滇池
项目面积_
4200平方米
投资金额_
950万元

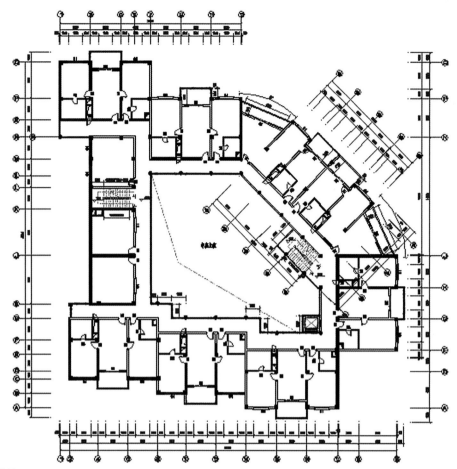

二层原始结构图

主案设计：
鲁小川 Lu Xiaochuan
博客：
http:// 1015322.china-designer.com
公司：
北京丽贝亚建筑装饰工程有限公司
职位：
所长

奖项：
2008中国环艺学年奖 战舰酒店 银奖
2008第三届全国教师美术书法摄影作品大赛
一等奖
2008 辽宁省第二届大学生艺术展演"室内
设计"一等奖
第二届中国国际空间环境艺术设计大赛荣获
酒店空间方案类银奖

2009 中国环艺学年奖-最佳指导教师奖
项目：
青岛银海净雅酒店室内装修改造   天津空港磁悬浮办公室装修...
葫芦岛国际酒店   佳隆集团会所
新华人寿保险股份有限公司电话中心室内装修工程
锦绣花园会馆   天狮集团行宫及园中园、宴...
时尚旅酒店(泰州、合肥、南昌、武汉、沈阳、晋江、漳州、芜湖、
成都万达SOHO住宅   厦门星美国际影城厅

时尚旅酒店泰州店
Smart Hotel Taizhou

A 项目定位 Design Proposition
时尚旅酒店为连锁酒店，本次设计以标准化为设计依据以及基础前提，进行方案构思，彰显时尚旅酒店国际化，高端化的品牌形象。我们根据当地特色文化及酒店城市特点，提炼出"银杏"的设计主线贯穿整体的设计。

B 环境风格 Creativity & Aesthetics
银杏，寓意健康长寿，幸福吉祥，更是泰州市的市树。选取银杏作为设计主线融入酒店每一丝设计，寓意时尚旅酒店如银杏树般枝繁叶茂，每一枝一叶与果都有其价值。更形成了独特的地域文化。

C 空间布局 Space Planning
具体设计中大堂及公共区域遵循国际化品质融入时尚旅酒店特色及当地文化的融合性设计，整体优雅大气，雅致的材料选择，银杏形态的艺术品，都能让人轻易的体会到其中的优雅与独特。客房也是标准化的设计，大床间以温馨的暖色调为主题，双床间以现代的黑白色调为主题，背景墙是不同形态的银杏，区分大床间及双床间，与我们的设计主题银杏相符。

D 设计选材 Materials & Cost Effectiveness
餐厅，走廊及会议厅的设计风格与大堂相符合，国际化的材质与色调，透露文化气息的小配饰一一点缀在其中。

E 使用效果 Fidelity to Client
艺术与文化相伴的家庭温馨，让您的旅程别具一格。

Project Name_
Smart Hotel Taizhou
Chief Designer_
Lu Xiaochuan
Participate Designer_
Sun Shujia, Hong Wei, Shi Shanshan, Xiao Anqi
Location_
Taizhou Jiangsu
Project Area_
8,000sqm
Cost_
8,000,000RMB

项目名称_
时尚旅酒店泰州店
主案设计_
鲁小川
参与设计师_
孙书佳、洪伟、石珊珊、肖安齐
项目地点_
江苏省 泰州
项目面积_
8000平方米
投资金额_
800万元

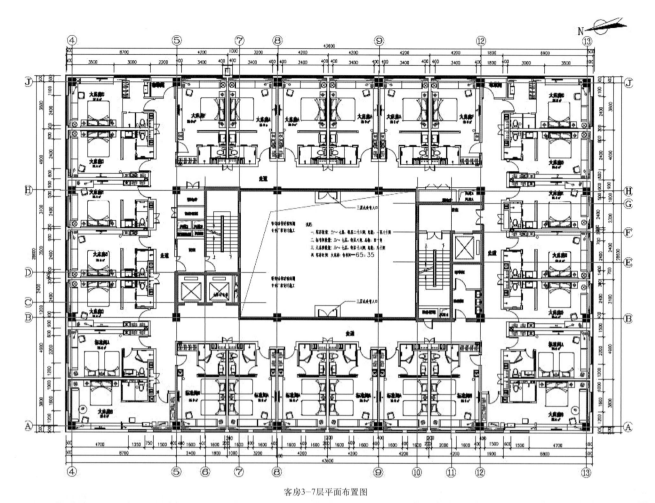

客房3-7层平面布置图

主案设计：
李奇 Li Qi
博客：
http:// 1015668.china-designer.com
公司：
四川上舍装饰设计工程有限公司
职位：
设计总监

奖项：
成都优秀设计师
IAI AWARDS2011 商业空间类别金奖
IAI AWARDS2011 餐饮空间类别金奖

项目：
成都文艺之家
汉东高尔夫俱乐部
巴国布衣旗舰店

成都布衣客栈
Folk Inn

A 项目定位 Design Proposition

布衣客栈作为巴国布衣旗下酒店品牌，延续了一贯的四川本土元素和风格。在以往川剧等本土传统文化为主题的基础上，本店的设计主题定为清新平民的蜀中茶文化的表达。

B 环境风格 Creativity & Aesthetics

该店地处高端酒店密集的软件产业园区。在较有限的预算条件下，本案回避了高档材料使用得到的尊贵感，转而寻求质朴的本地材料，来表达一种平静、柔和的闲情。与周边酒店的华丽与喧嚣形成差异。

C 空间布局 Space Planning

借助巴国布衣这一全国知名餐饮品牌。在酒店配套公共空间，着重对餐厅进行设计，通过正宗川菜的帮助来强调本土酒店的蜀风蜀味。酒店所在大楼内部尺度条件很好，我们用了1.5个传统标准间的面积来完成一个房间，宽敞的空间进一步降低了总体造价，并获得了更舒适的房间面积。用单独设计的家俱和装置来配合，尽力使其看来简而不陋。

D 设计选材 Materials & Cost Effectiveness

在用材方面，我们实验了许多方案加工本地产的花岗石，使其尽可能呈现过年使用后的润泽质感。大量使用了实木，并在实木的应用上尽量不使用油漆，而采用有色木蜡做旧。布衣的选择也多用机理明显的天然麻。一部分装饰板也采用稻草压合的osb板，不仅出于环保考虑，也出于对田园趣味的执着。

E 使用效果 Fidelity to Client

本案运营后并不为所有人肯定，却也获得相当多的人喜爱。它不堂皇，却生动可亲。它不具禅味的优雅却有宁静温婉的本质。我们更开心的是用了足够少的钱完成了这一切。虽然这很困难。我们也庆幸客人们并没有在意它的朴实，反而欣赏它的别致。

Project Name_
Folk Inn
Chief Designer_
Li Qi
Location_
Gaoxin Chengdu
Project Area_
18,000sqm
Cost_
18,000,000RMB

项目名称_
成都布衣客栈
主案设计_
李奇
项目地点_
成都市 高新区
项目面积_
18000平方米
投资金额_
1800万元

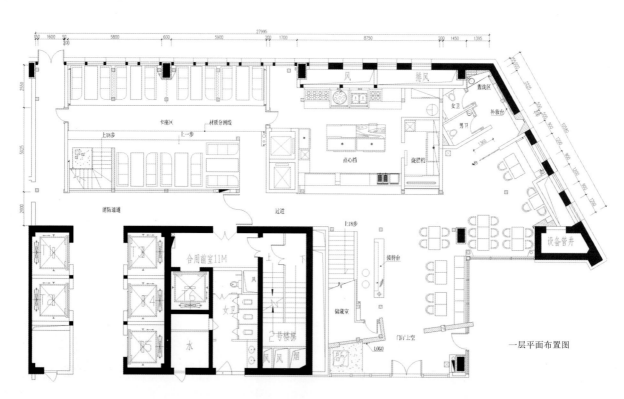

一层平面布置图

图书在版编目（ＣＩＰ）数据

　　顶级酒店空间 / 金堂奖组委会编． -- 北京 ：中国林业出版社，
2013.3（金设计系列）
　　ISBN 978-7-5038-6842-9

　　Ⅰ．①顶… Ⅱ．①金… Ⅲ．①饭店－室内装饰设计－作品集－世界－现代
Ⅳ．① TU247.4

　　中国版本图书馆 CIP 数据核字（2012）第 273979 号

本书编委会
组编：《金堂奖》组委会
编写：王　亮◎文　侠◎王秋红◎苏秋艳◎孙小勇◎王月中◎刘吴刚◎吴云刚◎周艳晶◎黄　希
　　　朱想玲◎谢自新◎谭冬容◎邱　婷◎欧纯云◎郑兰萍◎林仪平◎杜明珠◎陈美金◎韩　君
　　　李伟华◎欧建国◎潘　毅◎黄柳艳◎张雪华◎杨　梅◎吴慧婷◎张　钢◎许福生◎张　阳

整体设计：ＡＵＥ　北京湛和文化发展有限公司
　　　　　　　http://www.anedesign.com

中国林业出版社·建筑与家居出版中心

责任编辑：纪　亮、成海沛、李丝丝、李　顺
出版咨询：（010）83225283

出版：中国林业出版社
（100009 北京西城区德内大街刘海胡同 7 号）
网站：http://lycb.forestry.gov.cn
印刷：恒美印务（广州）有限公司
发行：新华书店北京发行所
电话：（010）8322 3051
版次：2013 年 3 月第 1 版
印次：2013 年 3 月第 1 次
开本：889mm×1194mm, 1/16
印张：9.5
字数：120 千字
定价：158.00 元

图书下载：凡购买本书，与我们联系均可免费获取本书的电子图书。
E-MAIL: chenghaipei@126.com　　QQ: 179867195